服装中职教育"十二五"部委级规划教材

国家中等职业教育改革发展示范学校建设项目成果

裤装制板·工艺·设计

关　丽　主　编

姜利晓　吴　娟　副主编

U0338672

中国纺织出版社

内 容 提 要

本书为服装专业教学使用教材。它是以"一个完整的工作任务循环"为主线，融设计、制板、工艺于一体的项目教材。

本书是以裤装为项目，分为裤装制板和裤装设计及裤装拓展三大模块。在裤装的制板和工艺中，包括女西裤、男西裤、牛仔三个内容。裤装设计中讲述了TPO设计原则、平面构成设计，分割线的种类。在裤装拓展中讲述了西短裤、灯笼裤、裙裤三个种类的结构与制板。每一个款式都是以工作任务的形式呈现，制板、工艺、设计形成一个完整的产业链。力求把"项目"做细、做实、做通，将课程的理论科学性和技术实践性进行和谐的统一。

图书在版编目（CIP）数据

裤装制板·工艺·设计 / 关丽主编 . -- 北京：中国纺织出版社，2016. 1（2018. 4重印）

服装中职教育"十二五"部委级规划教材　国家中等职业教育改革发展示范学校建设项目成果

ISBN 978-7-5180-0785-1

Ⅰ . ①裤… 　Ⅱ . ①关… 　Ⅲ . ①裤子－服装量裁－中等专业学校－教材 ②裤子－生产工艺－中等专业学校－教材 ③裤子－服装设计－中等专业学校－教材 　Ⅳ . ① TS941. 714. 2

中国版本图书馆 CIP 数据核字（2014）第 147299 号

策划编辑：华长印　　责任编辑：张思思　　特约编辑：张一帆
责任校对：寇晨晨　　责任设计：何　建　　责任印制：何　建

中国纺织出版社出版发行
地址：北京市朝阳区百子湾东里A407号楼　邮政编码：100124
销售电话：010 — 67004422　传真：010 — 87155801
http: //www.c-textilep.com
E-mail: faxing@c-textilep.com
中国纺织出版社天猫旗舰店
官方微博http: //weibo.com/2119887771
北京玺诚印务有限公司印刷　各地新华书店经销
2016年1月第1版　2018年4月第2次印刷
开本：787×1092　1/16　印张：8
字数：90千字　定价：38.00元

凡购本书，如有缺页、倒页、脱页，由本社图书营销中心调换

出版者的话

《国家中长期教育改革和发展规划纲要》（简称《纲要》）中提出"要大力发展职业教育"。职业教育要"把提高质量作为重点。以服务为宗旨，以就业为导向，推进教育教学改革。实行工学结合、校企合作、顶岗实习的人才培养模式"。为全面贯彻落实《纲要》，中国纺织服装教育学会协同中国纺织出版社，认真组织制订"十二五"部委级教材规划，组织专家对各院校上报的"十二五"规划教材选题进行认真评选，力求使教材出版与教学改革和课程建设发展相适应，并对项目式教学模式的配套教材进行了探索，充分体现职业技能培养的特点。在教材的编写上重视实践和实训环节内容，使教材内容具有以下三个特点：

（1）围绕一个核心——育人目标。根据教育规律和课程设置特点，从培养学生学习兴趣和提高职业技能入手，教材内容围绕生产实际和教学需要展开，形式上力求突出重点，强调实践。附有课程设置指导，并于章首介绍本章知识点、重点、难点及专业技能，章后附形式多样的思考题等，提高教材的可读性，增加学生学习兴趣和自学能力。

（2）突出一个环节——实践环节。教材出版突出中职教育和应用性学科的特点，注重理论与生产实践的结合，有针对性地设置教材内容，增加实践、实验内容，并通过多媒体等形式，直观反映生产实践的最新成果。

（3）实现一个立体——开发立体化教材体系。充分利用现代教育技术手段，构建数字教育资源平台，部分教材开发了教学课件、音像制品、素材库、试题库等多种立体化的配套教材，以直观的形式和丰富的表达充分展现教学内容。

教材出版是教育发展中的重要组成部分，为出版高质量的教材，出版社严格甄选作者，组织专家评审，并对出版全过程进行跟踪，及时了解教材编写进度、编写质量，力求做到作者权威、编辑专业、审读严格、精品出版。我们愿与院校一起，共同探讨、完善教材出版，不断推出精品教材，以适应我国职业教育的发展要求。

中国纺织出版社

教材出版中心

裤装设计与制作是中职服装专业核心项目课程之一。本教材编写思路立足于我国中职服装专业课程改革的核心思想，加大动手能力的培养，凸显技能实训模块教学。知识体系上，从基础项目做起，逐步递进拓展项目，由浅入深，循序渐进。知识盘点上，尽量做到知识的全面性和针对性。

本教材内容上以一个基本款式为工作任务，遵循"立体造型→制图→制板→工艺制作→拓展设计"步骤，逐步完成一个工作循环。根据多年的教学实践经验，我们发现没有制板基础的设计图，其整体设计是不能够实现的。所以，对于刚刚学习服装设计的学生而言，把设计放在了结构的后面去学习，也就是"把感性的想法理性的呈现"。

教材编写伊始，我们试着问自己这样几个问题：什么样的教材学生好学？什么样的教材教师好用？什么样的教材适合开展项目教学？很快我们就得到了答案：学生希望它像一本"连环画"，画中有话；教师希望它既像一本"工作手册"，步步有记录，又像一本"词海"，方便学生自主学习。这是我们编本教材的目标，也是本套教材的最大特色。

本教材由关丽任主编，负责全书的统稿和修改，由姜丽晓、吴娟任副主编。具体编写人员分工如下：关丽主要编写了结构部分、知识盘点、立体裁剪、部分插图的文字说明；吴娟、丁洪英主要编写了工作任务中的工艺部分；姜丽晓负责绘制全书的结构图；关丽负责编写了工作任务中的设计部分。在此特别感谢宁波纺织学院优秀毕业生黄如霞、吴嘉一、孙斌炀、刘珍秀、唐奇月、沈君艳、朱良萍、韩佳颖、沈莹莹同学提供了部分高质量的图片。

由于时间紧，书中难免存在不足之处，欢迎同行专家和广大读者批评指正，以便进一步修改完善。

作者

2015.12

目 录

项目一：裤装制板和工艺 / 1

任务一：女西裤 / 2
过程一：款式分析 / 2
过程二：测量 / 3
　　　　知识盘点 / 4
过程三：制图 / 5
过程四：制板 / 10

任务二：男西裤 / 12
过程一：款式分析 / 12
过程二：规格设计 / 13
过程三：制图 / 13
　　　　知识盘点 / 16
过程四：制板 / 23
过程五：裁剪 / 26
过程六：缝制 / 31

任务三：牛仔裤 / 66
过程一：款式分析 / 66
过程二：规格设计 / 67
过程三：制图 / 67
　　　　知识盘点 / 68
过程四：制板 / 69
过程五：裁剪 / 73
过程六：缝制 / 75

项目二：裤装设计 / 93

    任务四：裤装款式图绘制 / 94
    知识盘点 / 99

项目三：裤装拓展 / 113

    任务五（拓展款式）：短西裤 / 114
    过程一：款式分析 / 114
    过程二：制图 / 115
    过程三：制板 / 115

    任务六（拓展款式）：灯笼裤 / 116
    过程一：款式分析 / 116
    过程二：制图 / 117

    任务七（拓展款式）：裙裤 / 118
    过程一：款式分析 / 118
    过程二：制图 / 119

参考文献 / 120

项目一：

裤装制板和工艺

KUZHUANG ZHIBAN
HE GONGYI

任务一：女西裤

过程一：款式分析

（1）着装效果图（图1-1）。

图1-1

（2）女西裤款式图（图1-2）。

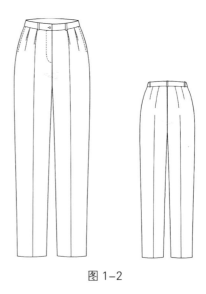

图1-2

（3）款式描述。

装腰型直腰，五个串带襻。前裤片左右各两个反褶裥，也可以是两个腰省，后裤片左右各两个省，侧缝设直插袋。前中开门襟装拉链。裤管略成锥形，前后裤片从上至下烫迹线，修长挺拔。

过程二：测量

一、确定量体部位

根据女西裤的款式特点，可以先设定裤子结构制图所必须使用的规格部位：长度方向如裤长、股下长、股上长、臀长、膝长、上裆总弧长；宽度（围度）方向如腰围、臀围、膝围、大腿围。

另外，可以根据款式特点明确一些细节部位，如腰宽等。由此倒推，我们需要在人体上采集女西裤相对应人体部位的尺寸，然后再将人体尺寸转化为裤装结构制图所需的尺寸，即裤长需要人体的腰围高或腰节线到踝骨线的高度；裤子的臀高需要人体腰节线到臀部最丰满处的高度；裤子的腰围需要人体的腰围；裤子的臀围需要人体的臀围。

二、量体

在测量时，要注意观察被测量者的体型特征，对特殊部位要记录下来，并加测这些部位的尺寸，使服装对人体有很高的适合度，在进行测量时，要掌握好松紧度，不宜太紧或太松。

（1）身高：从头顶点至地面的高度。

（2）裤长：从腰测点垂直向下量至所需长度。

（3）股下长：从会阴点（CR）至地面的高度。

（4）股上长：从腰围线（WL）到会阴点（CR）的距离。

（5）臀长：从腰围最细处垂直量至臀部最丰满处的距离。

（6）腰围：经过躯干最细部位水平围量一周的长度。

（7）膝围：经过膝盖骨中点水平围量一周的长度。

（8）大腿根围：大腿根部水平围量一周的长度。

（9）上裆总弧长：从前腰围线经会阴点（CR）量至后腰围线的长度。

三、规格设计

根据测量获得人体的净体尺寸，再加一定的放松量，最后得出裤子的成品规格（表1-1），此成品尺寸可直接用来结构制图，即成品规格尺寸 = 人体尺寸 + 放松量。

表 1-1　女西裤成品规格设计　　　　　　　　　　单位：cm

女西裤成品规格设计	
部位名称（代号）	人体尺寸 + 放松量 = 成品规格
裤长（TL）	28+67=95cm
腰围（W）	68+（0~2）=70cm
臀围（H）	90+4=94cm
臀长（HL）	18cm
脚口（SB）	20cm
上裆长	25+3=28cm
下裆长	67cm
中裆宽	20cm

女西裤成品规格设计	
后上裆倾斜角	12°
备注说明：	

备注说明：

1. 裤子的长度为上裆的长度加上下裆的长度

2. 上裆的长度等于股上长 + 腰宽3cm

3. 臀长可以根据实际测量所得，也可以是2/3的（上裆长－3）

4. 后上裆倾斜角的角度问题参看本节的知识点分析

★ 知识盘点

1. 裤长规格设计

（1）人体净体围度参考尺寸（图1-3）。

（2）人体净体长度参考尺寸（图1-4）。

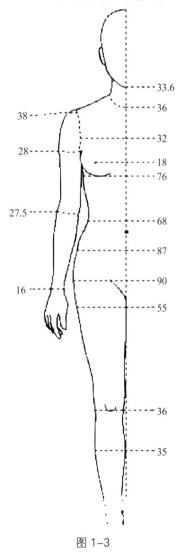

图1-3

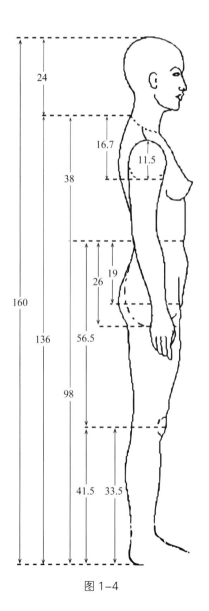

图1-4

2．裤子放松量设计

裤装是包裹人体下肢部位的一种服装品类，因便于运动以及具有良好的功能性成为人们的主要服装，在裤装分类中，按裤装臀围放松量进行分类是裤装最基础、最重要的分类方式，是裤装结构设计的核心内容（表 1-2）。

从长度来考虑：可分为超短裤、短裤、中裤、中长裤、七分裤、九分裤、长裤等。

从围度来考虑：可分为贴体裤、较贴体裤、较宽松裤、宽松裤。

从裤脚口大小考虑：可分为直筒裤、窄脚裤、宽脚裤。

表 1-2　裤子放松量　　　　　　　　　　　　　　单位：cm

臀围	贴体：臀围放松量为 4~6cm
	较贴体：臀围放松量为 6~12cm
	较宽松：臀围放松量为 12~18cm
	宽松：臀围放松量为 18cm 以上
脚口	直筒裤：中裆与裤脚口基本相等　　裤脚口 $=0.2H \sim 0.2H+5cm$
	窄脚裤：中裆大于裤脚口的裤装　　裤脚口 $\leqslant 0.2H-3cm$
	宽脚裤：中裆小于裤脚口的裤装　　裤脚口 $\geqslant 0.2H+10cm$

过程三：制图

一、女西裤前裤片制图

1．前裤片制图

（1）作前侧缝直线，最先绘制的基础直线，长度为裤长 − 腰宽。

（2）作上平线：垂直于前侧缝直线，位于该线的最上端，即裤长线。

（3）作下平线：垂直于前侧缝直线，位于该线的最下端，即脚口线。

（4）定横裆线：取直裆 − 腰宽，从上平线平行量下。

（5）作臀围线：上平线与横裆线之间三等分，靠近横裆线的为臀围线，垂直于前侧缝线。

（6）定中裆线：臀围线与下平线之间二等分，向上抬高 4cm，垂直于前侧缝直线。围度的点与线。

（7）定前臀围大线：与前侧缝直线距离 $H/4-1$ 作平行线。位于横裆线与上平线之间。

（8）定前裆宽点：以横裆线与前臀围大线的交点 a 为起点，向外量出 $0.4H/10$ 定为 b 点。

（9）定前横裆撇势：以横裆线与前侧缝直线的交点 c 为起点，向内撇进 0.7~1cm 定位 b' 点。

（10）作烫迹线：b 点与 b' 点间距二等分，定为 d 点，过 d 点作与前侧缝直线平行的线，与脚口线相交于 d' 点，与上平线交于 d'' 点。

（11）定前脚口大点：以烫迹线为对称线，点 d' 为对称点，两边各取脚口 /2-1 定点 e 和 e'。总前脚口大为脚口 -2。

（12）定前中裆大点：ab 的二等分点与 e 点连接，与中裆线相交于 f 点，即中裆大点，该距离标记为"□"。以烫迹线为对称线，作出另一侧的中裆大点 f'。

（13）作前下裆缝辅助线：从 b 点到 f 点直接连接。

（14）作前侧缝辅助线（膝围线以上）：从 b' 点到 f' 点直接连接。

（15）作前侧缝辅助线（膝围线以下）：从 f' 点到 e' 点以直线相连。

2. 女西裤前裤片轮廓线及结构线制图（图 1-5）

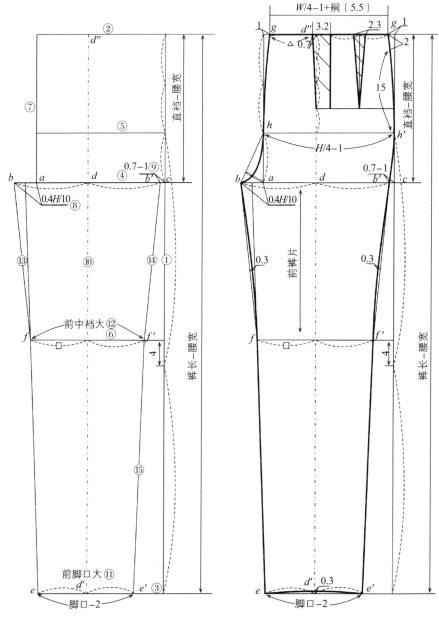

图 1-5

（1）作前裆缝斜线：前腰中点撇进1cm定位 g 点，画至前臀围大线与前臀围的交点 h，弧线略胖。

（2）作前裆弧线：h 点与 b 点弧线连接，并与弧线 hg 顺畅连接。

（3）作前下裆线：f 点至 e 点以直线连接。b 点至 f 点弧线连接，凹势0.3cm，并与直线 fe 顺畅连接。

（4）作前腰围大：从 g 点起取 $W/4-1+$ 裥（5.5cm）定为 g' 点。

（5）作前侧缝弧线：f' 点至 e' 点以直线连接。从 g' 点至臀侧点 h' 至 b' 点画顺，再从 b' 点至 f' 点弧线连接，凹势0.3cm，并与 $f'e'$ 顺畅连接。

（6）作前脚口弧线：e 点与 e' 点弧线连接，凹势0.3cm。

（7）确定褶裥位置（本款女西裤为反裥，即褶裥正面倒向侧缝）。

① 前中褶裥：裥大3.2cm，从 d'' 点起向前中（门襟）方向取0.7cm，余下2.5cm，从 d'' 点起向侧缝方向量取。

② 前侧褶裥：裥大2.3cm，以前中褶裥至侧缝的中点，向两侧量取裥大的1/2。

③ 褶裥长：上平线至臀围线的3/4。

（8）作侧缝直袋：在前侧缝弧线上，距离点 g' 2cm为起点，袋口大为15cm。

二、女西裤后裤片制图（图1-6）

作后侧缝直线：与前片相同，是最先绘制的基础直线，长度为裤长－腰宽。

1. 长度线条

（1）作上平线：在前片的上平线基础上延长。

（2）作下平线：在前片的下平线基础上延长。

（3）定横裆线：在前片的横裆线基础上延长。

（4）作臀围线：在前片的臀围线基础上延长。

（5）作中裆线：在前片的中裆线基础上延长。

（6）作后翘线：作上平线向上的平行线，相距2.5cm。

（7）落裆线：作横裆线向下的平行线，相距0.7cm。

2. 围度的点与线

（1）定后臀围大线：距后侧缝直线 $H/4+1$ 作平行线，与臀围线的交点定为 i。

（2）定后裆缝斜线：以 i 点为起点取比值15：3.5为斜度。向上与后翘线交于 j 点，向下与落裆线相交于 k 点。

（3）定后腰围大：从 j 点开始，取 $W/4+1+$ 省（4cm）量至上平线，相交于 j' 点。

（4）定后裆宽点：从 k 点向外水平量出 $H/10$，定为 m 点。

（5）作后烫迹线：定后侧缝直线与横裆线的交点为 m'，过 m 与 m' 的二等分点作与

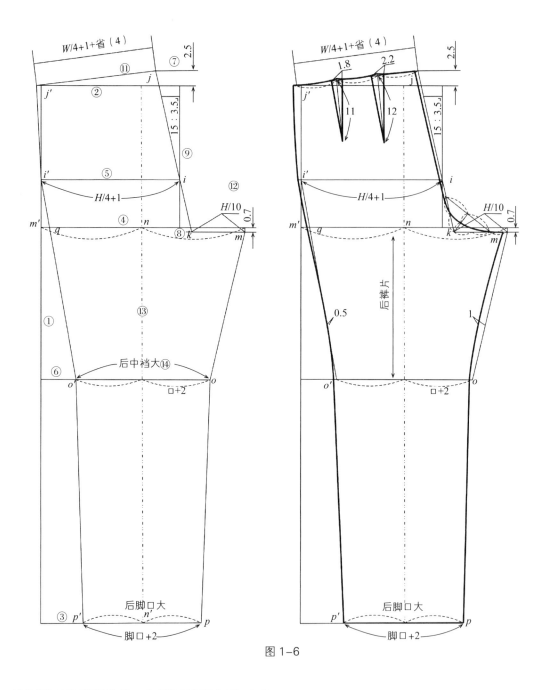

图 1-6

后侧缝直线平行的线，与脚口线相交于 n' 点。

（6）定后中裆大点：以后中线为对称线，两边各取"□+2"定点 o 和 o'。

（7）定后脚口大点：以后中线为对称线，两边各取"脚口/2+1"定点 p 和 p'。总后脚口大为"脚口+2"。

3. 后裤片轮廓线及结构线制图

（1）作后裆弧线：点 i 与 k 连接，并与直线 ij 顺畅连接。

（2）作后下裆线：o 点至 p 点以直线连接。M 点至 o 点弧线连接，凹势 1cm，并与 op 顺畅连接。

（3）作后侧缝弧线：o' 点至 p' 点以直线连接。从 j' 点至臀侧点 i' 至横裆劈势 q 弧线画顺，q 至 o' 点凹势 0.5cm 画顺，并与 $o'p'$ 顺畅连接。

（4）作后脚口弧线：p 点与 p' 点弧线连接，凸势 0.3cm。

4. 确定省道位置

（1）后中省道：位于 j 点至 j' 点的 1/3 处，省大 2.2cm，省长 12cm，省中线与后腰线垂直。

（2）后侧省道：j 点至 j' 点 2/3 处，省大 1.8cm，省长 11cm，省中线与后腰线垂直。

（3）后腰弧线修顺：是没有经过修顺的状态。将后中省道与后侧省道的两侧省线及省中线适当向上延长，使后腰弧线与省线的夹角呈近似直角，省道闭合后腰线仍保持圆顺状态（图 1-7）。

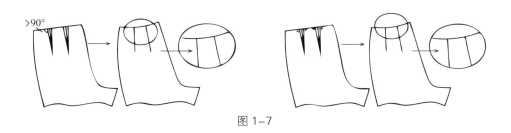

图 1-7

5. 腰头制图及串带襻、门里襟制图

串带襻共有 5 根，位置分别为：第 1、第 5 根位于前中褶裥上，第 3 根位于后中缝上，第 2 根位于第 1 根与第 3 根二等分处，第 4 根位于第 3 根与第 5 等分处（图 1-8）。

门里襟的长度为前中开口长，该长度一般不能短于腰围线至臀围线的距离，否则会影响裤子穿脱。

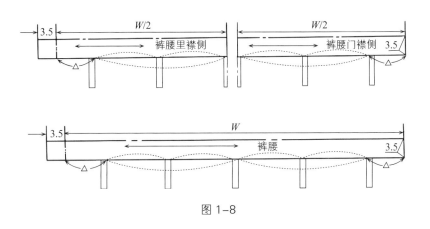

图 1-8

6. 侧袋布及垫袋布制图

垫袋布的配置视面料的多少而定如果面料比较紧张，可采用第二种方法配置垫袋布。由于形状简单，一般直接采用毛样制图（图1-9）。

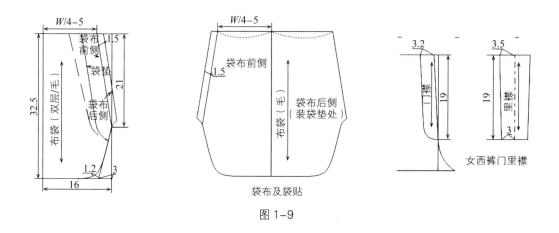

图1-9

过程四：制板

一、制作裁剪样板

女西裤裁片四周的缝份大多为1cm，不必打刀眼；只有特殊缝份处须打刀眼，如图中的前片侧缝上端、脚口贴边宽等处。刀眼也可用于表示省位、裥位与烫迹线位置（以指示褶裥的倒向）。前裤片袋口处如保留布边，就不必拷边。否则在向口袋里放钥匙等物品时，容易把拷边线勾出来，影响裤子的穿着。后片表示省尖的钻眼比实际的省长要短1cm。如果面料比较松散，侧缝与下裆缝处的缝份应多放些，一般为1.5cm图中门襟为正面，门襟封口必须低于臀围线，否则可能对裤子的穿脱有一定的影响（图1-10）。

二、制作工艺样板（图1-11）

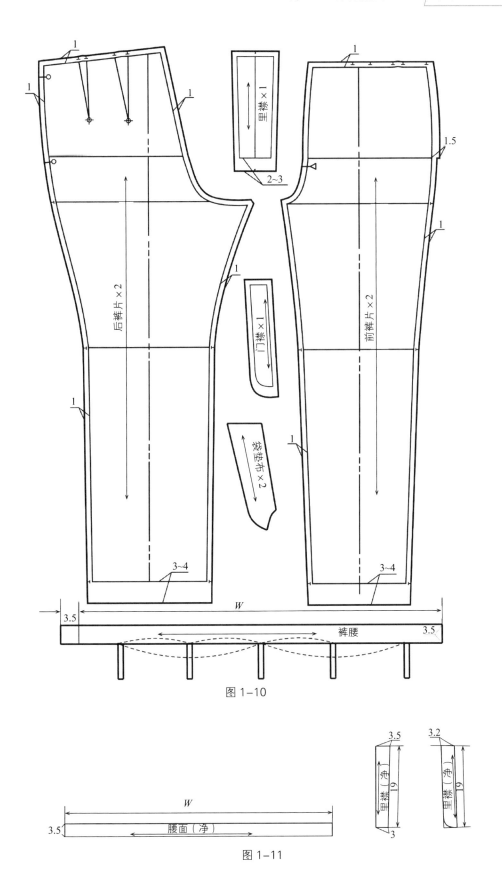

图 1-10

图 1-11

任务二：男西裤

过程一：款式分析

（1）着装效果图（图2-1）。

（2）男西裤款式图（图2-2）。

图2-1

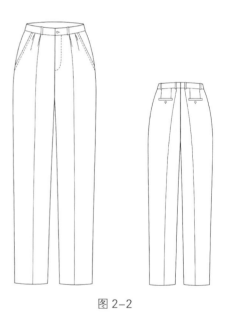

图2-2

（3）款式描述。

装腰型直腰头，六个串带襻，前中开门襟装拉链。前裤片左右各两个暗裥，前片设斜插袋。后裤片左右各一至两个省，左右各设一双嵌线挖袋。裤管略成锥形，前后裤片从上至下烫迹线，修长挺拔。

过程二：规格设计

表 2-1 男西裤规格尺寸 单位：cm

男西裤规格尺寸表						
成品部位	代号	成品规格	人体部位	代号	人体尺寸	加放量
腰围	W	76	腰围	W^*	74	+（0~2）
臀围	H	100	臀围	H^*	96	+4
臀长	HL	18	臀长	HL	18	0
上裆长		28	股上长		24	+4
下裆长		75	股下长		75	
裤长	TL	103	上裆长 + 下裆长		28+75	
脚口	SB	22	脚口	SB	22	
中裆		23	中裆		23	
后上裆倾斜角		12°				
备注说明： 1．腰宽：4cm，表格中出现的 +4 为腰宽 2．上裆长 = 股上长 + 腰宽（4cm）						

过程三：制图

制图（图 2-3）：

（1）前后裤片轮廓线及结构线制图。

（2）零部件制图。

其中串带襻、后垫袋布、上嵌条、下嵌条为毛样。

串带襻共有 6 根，位置分别为：第 1、6 根位于前中褶裥上，第 3、4 根在后中缝两侧，均距后中缝 3cm，第 2 根位于第 1 根与第 3 根二等分处，第 5 根位于第 4 根与第 6 根二等分处。

（3）门里襟、侧袋布、侧垫袋布制图（图 2-4）。

（4）后袋布制图（图 2-5）。

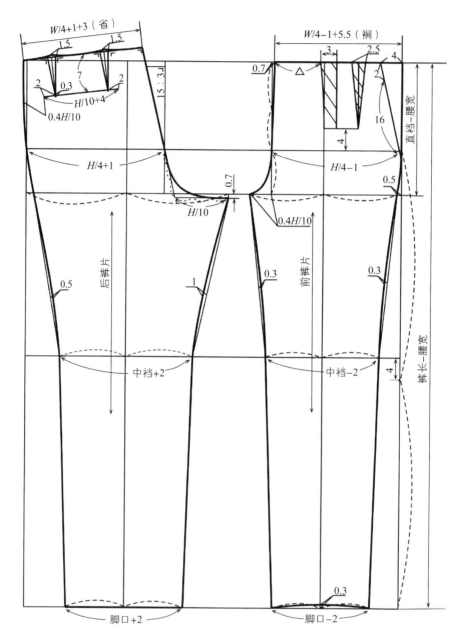

图 2-3

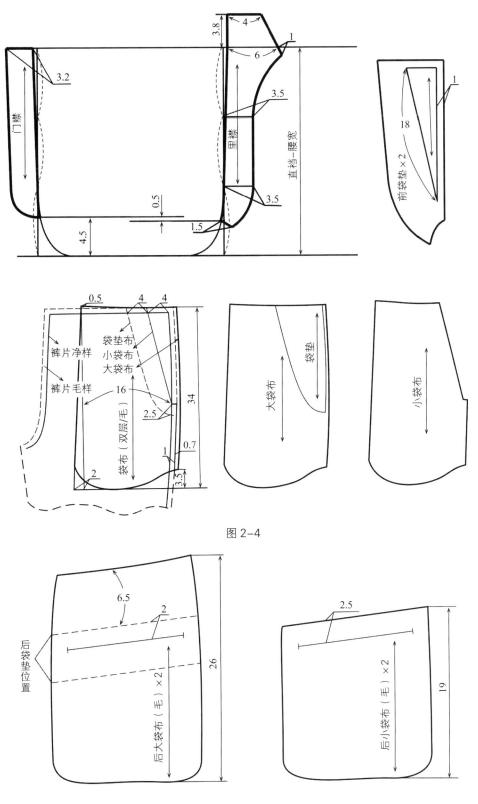

图 2-4

图 2-5

★ **知识盘点**

男西裤结构制图要点分析

1. 烫迹线的位置与特点

西裤能否挺拔、对称，具有平衡感，关键在于烫迹线。本款男西裤的前片烫迹线位于前裤管的中心位置，也就是将脚口、中裆、横裆进行二等分处理，如图2-6（a）所示，因此烫迹线呈直线。由于人体腰部凹陷、腹部突出，必须将前片褶裥做成上大下小型，以满足腰部与腹部的差量，因此烫迹线上部必须有0.4~1cm的偏进量，如图2-6（b）所示。

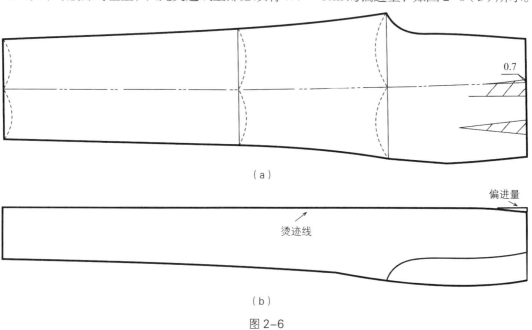

（a）

（b）

图 2-6

2. 后中线的位置与特点

后中线位于后中裆、后脚口的正中位置，至后横裆处向下裆缝偏移约1cm，将侧缝与下裆缝对齐，后裤片与后中线呈上凸下凹的合体造型，凸状对应人体臀部的突出。归拔后的后裤片造型，侧缝呈直线，烫迹线凹凸曲线明显。偏移量越大，后烫迹线凹凸趋势越大，贴体程度越高。当然对面料的可塑性也有要求，硬挺而紧密的面料很难作出好的效果。（图2-7）

3. 臀腰差处理

裥与省的存在是为了解决腰围与臀围的差量。一般情况下，腰臀差可以通过八个部位进行分配，依次分别是：前中撇势、前中褶裥、前侧褶裥、前侧缝撇势、后侧缝撇势、后

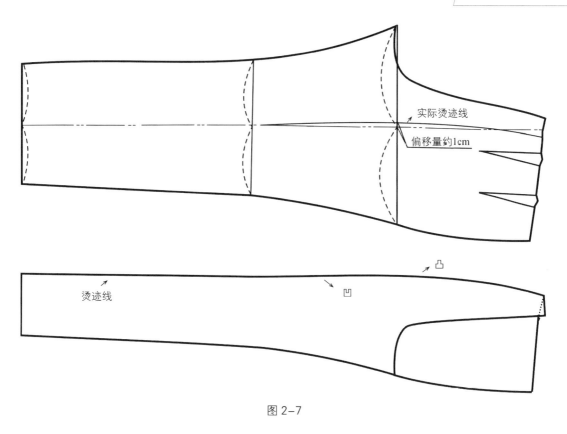

图 2-7

侧省道、后中省道、后中困势。

　　根据正常的人体体型特点,西裤的前中撇势约为 0 ~ 0.5cm/ 处,后片省道约为 1 ~ 3cm/个,后中劈势可用 15 : X(2.5 ~ 4)的比值作为参考。省宽太大,将导致省尖处形成明显凸点,穿在人体上不平服。

　　不同的臀腰差,裥省数量也是不同的(图 2-8)。

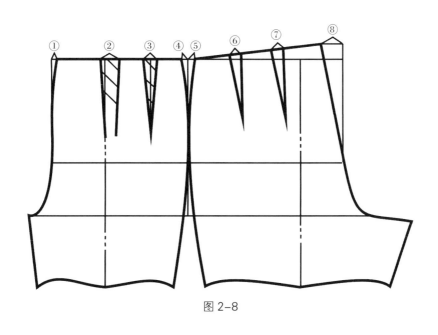

图 2-8

4. 裤装中的裥

明裥是指在左右裤片上，正面分别向门里襟方向（内侧）折倒的褶裥；暗裥是指在左右裤片上，正面分别向侧缝方向（外侧）折倒的褶裥。其中正裥一般用于肥胖体或凸肚体裤装中，反裥用于普通款式的裤装中（图2-9）。

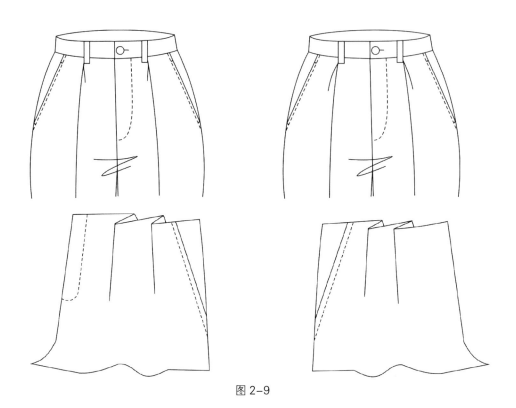

图2-9

一般适体型和宽松型的裤装，每个前裤片有 1～4 个褶裥，但在臀腰差较小的西裤中，褶裥可取消。裤装的第一个裥必须设置在烫迹线上，其他裥分布在第一个裥与斜（直）插袋之间。第一个褶裥控制在 3～4cm，其他褶裥控制在 2～3cm。由于宽松裤的加放部位主要是臀围，腰围不能加放过多，因此必须增加裥的数量以处理较大的臀腰差，而且以使用明裥为多（图2-10）。

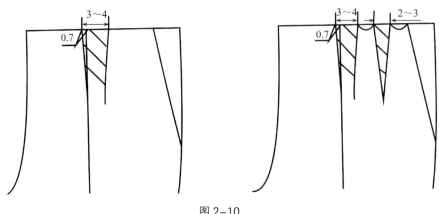

图2-10

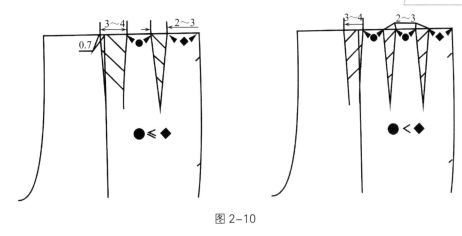

图 2-10

5. 裤装中的省

（1）胖省与瘦省。胖省适用与后裤片，特别是后中省道，对应人体后腰中部的凹陷状态（图 2-11）。瘦省适用于前裤片，对应人体前腹部的凸出状态（图 2-11）。

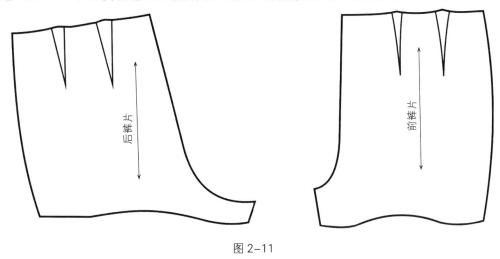

图 2-11

（2）钉型省与弧形分割线。钉型省可用在高腰裤中，适合人体腰部的曲线造型。

弧形分割线省可用在紧身裤中，而且省道包含在口袋中，既能调节臀腰差又具有隐蔽性，使裤装线条更加简洁（图 2-12）。

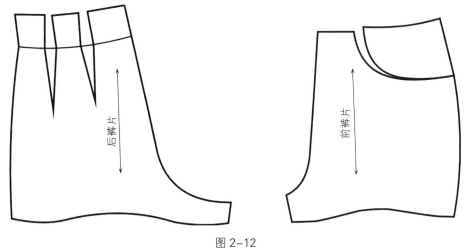

图 2-12

（3）省的数量、位置与长短。

普通裤装每个后裤片可有 1 ～ 2 个省道。

省道的位置与口袋有关。如没有后袋的女裤中，省道可以按照后腰围大等分来确定；有后袋的男裤，制图顺序是先确定袋位，后确定省位（图 2-13）。

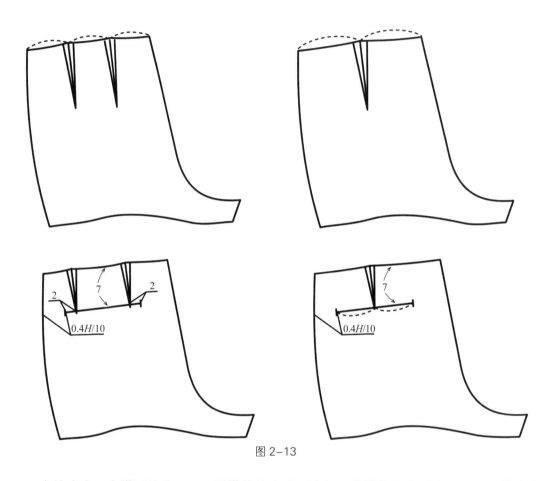

图 2-13

女裤省尖距离臀围线约 6cm，平臀体的省道可略长，凸臀体的省道略短。由于臀峰点位置靠近后中，因此靠近后中的省道略大于靠近后侧缝的省道。男裤由于受后袋限制，省长应随袋位确定，省尖隐藏在后袋中。

女裤前裤片也可采用省道，由于腹凸位于腰围线下约 9cm 处，因此，省长不应超过 9cm。

6. 后裆缝困势的影响因素与确定方法

（1）与裤装款式造型有关：紧身型的裤子，由于其合体要求高，困势略大；宽松型的裤子，由于合体要求不高，困势应小些。褶省量设置较少时，有更多的臀腰差需要在后裆缝处消化掉，困势也会增大。

（2）与人体臀部造型有关：根据人体臀部的特点，有一般（正常）体、平臀体、凸臀体之分。通常情况下，平臀体裤子的困势比一般（正常）体小；凸臀体裤子的困势比一般（正常）体大。

7. 后裆缝困势的确定方法（本书介绍的是比值法）

正常体女裤的后裆缝困势斜度为 15∶3.5，平臀体为 15∶3，凸臀体为 15∶4（虚线为正常体轮廓）。而正常体男裤一般为 15∶3，平臀体为 15∶2.5，凸臀体为 15∶3.5（图2-14）。

8. 后翘产生的原因与处理方法

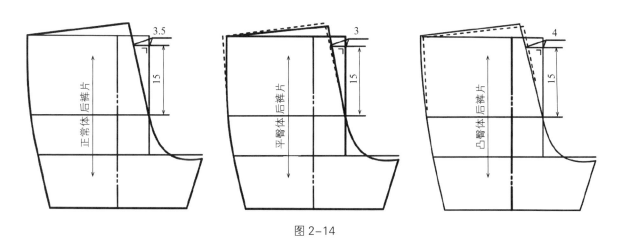

图 2-14

裤子的后翘是指后裤片的上平线在后裆缝处的抬高。后翘的大小主要与人体运动特点及裤片结构特点有关。

人体活动时臀部是伸展变化幅度最大的部位，特别是下蹲动作，如果后裆缝因长度不够而过于绷紧，将会向下拉扯腰头，人会感觉非常不舒服，因此腰缝线在后裆缝处适度起翘是必要的（图2-15）。

9. 裤片结构方面

由于后裆缝困势的存在，导致裤子后中线有斜

图 2-15

度。为保证左右裤片拼接后腰口线顺直，必须采用起翘形式，使每个裤片的腰口线与后裆缝线呈近似垂直。图2-16（a）是起翘量不够的后裤片拼接效果；图2-16（b）是起翘量正确的后裤片拼接效果。后片的起翘量与困势成正比关系，困势越大起翘量越大。

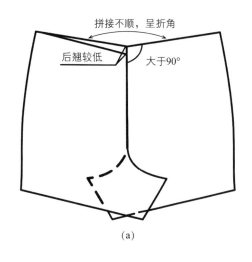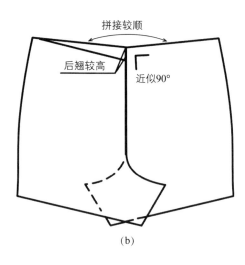

图 2-16

10. 起翘量的确定

起翘量通常为 0 ~ 3cm，起翘量过大会导致后臀上部出现横向褶皱，或后裆缝下坠；起翘量小会导致后裆缝卡紧臀沟，后腰向下牵制。

11. 脚口弧线处理

由于脚背的隆起，与脚跟骨的直立造型，前裤脚口弧线可以略凹，后裤脚口略凸。前后脚口线均为直线也可（图 2-17）。

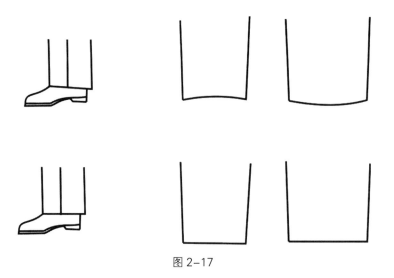

图 2-17

12. 后裆缝低落原理

在裤子的后片制图中，要把后片裆缝在原前裆缝的基础上低落 0.7cm（图 2-18）。

（1）后下裆缝的斜度大于前下裆缝线，由此造成后下裆缝线长于前下裆缝线，因此后下裆缝线必须低落一定数值来调节前后下裆缝线的长度。通过测算，普通西裤一般低落 0.65cm 就能使前后下裆缝线达到等长。前后横裆宽差量越大，前后下裆缝线斜度差量就越大，所需低落量随之增大，反之亦然。如紧身裤的前后横裆差量小于西裤，低落量亦小于西裤（图2-19）。

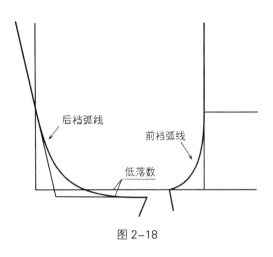

图 2-18

（2）从人体侧面可以看到，人体臀部下垂，后裆最低点低于前裆最低点约1cm，如果后裤片中不做后裆低落的话，后裆处极易产生兜裆（亦称夹裆，即后裆缝嵌入股间），使裤子缺乏舒适性与美观性。但是后裤片若按足量低落1cm，会使后片下裆缝线反而短于前片，缝制时后下裆缝线必须作拔开处理（图2-20）。

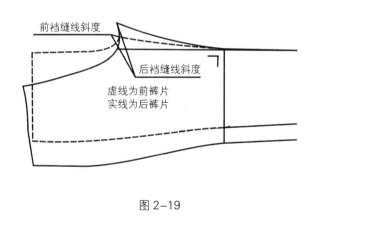

图 2-19

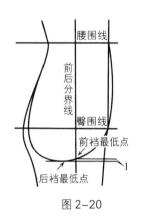

图 2-20

（3）综合考虑以上两大因素，最终确定普通男女西裤后裆的低落量为 0.7 : 0.8cm。合体型裤子的低落量小些，约为 0.5cm；宽松裤的低落量约为 1cm。裤型越宽松，低落量越大，但是直裆本身松量较大的裤子可不做低落，如裙裤等款式。

过程四：制板

一、裁剪样板

男西裤放缝、打刀眼与做记号方法与女西裤基本相同。后袋位钻眼位置两边各向内0.3cm。外翻贴边裤脚口的制图，当裤脚口做成外翻贴边造型时，放缝时应按实际要求、工艺缝制方法确定放缝量（图2-21）。

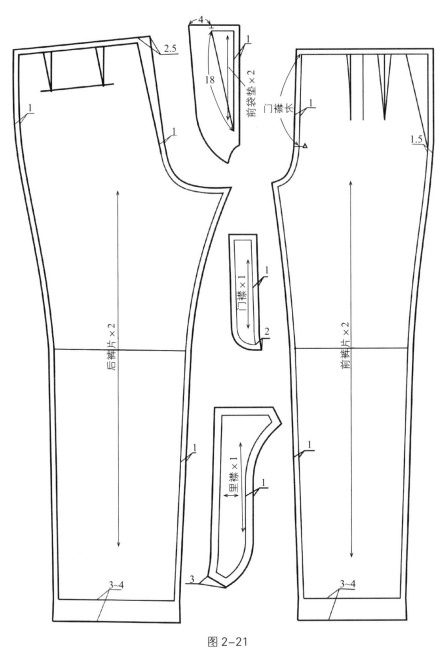

图 2-21

二、样板黏衬

男西裤的粘衬部位有以下几个部位：黏合衬的有斜插袋部位、后袋部位、斜插袋布、上嵌条、下嵌条、门襟、里襟（图 2-22）。

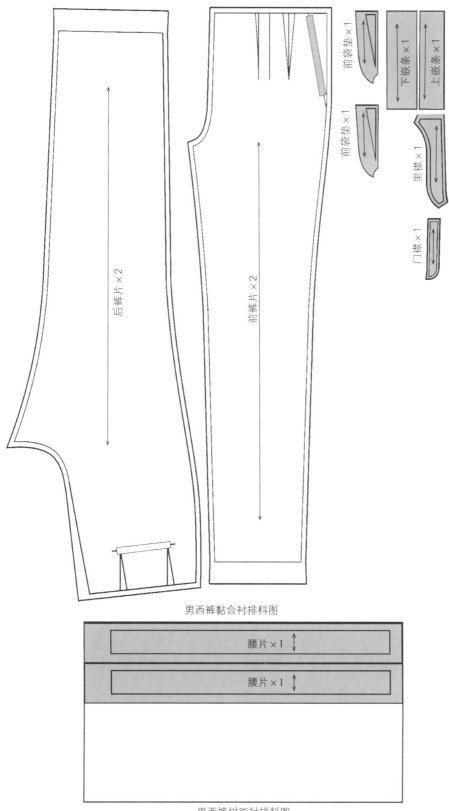

男西裤黏合衬排料图

男西裤树脂衬排料图

图 2-22

过程五：裁剪

一、算料、配料、排料

1. 算料

在幅宽＞臀围的情况下，一个裤长 +5cm 即是男西裤的用料。

例如：裤长是 102cm，臀围为 100，100 ＜选用幅宽 150cm、140cm、120cm 面料，那么 1 个裤子的长度 +5cm=107cm，即为男西裤的面料用料。当裤子臀围＞所选面料幅宽的时候，那么要 2 个裤子的长度，即 2×102cm=204cm 的长度为面料用料。

辅料名称及辅料数量如表 2-2 所示。

表 2-2　辅料

辅料名称	辅料数量
里料	里料主要是双嵌线袋布、斜插袋袋布及里襟里子料
衬料	根据不同部位的不同造型需求进行配料。腰头衬料和腰头尺寸大小一致，拉链处衬料长为拉链的长度、宽为 2cm，后袋位、斜插袋位衬料宽为 2～3cm，长比袋位长 2cm
拉链	尼龙拉链 1 根
纽扣	3 粒
缝纫线	1 团
拷边线	3 团

面料的幅宽就是面料的宽度。从布的这边量到那边就是幅宽，也是是布的纬宽，就像地球的纬度一样。布料在生产和运输的时候是成匹的。布料的幅宽一般为 150cm，但 140cm，120cm 都有，甚至还有更窄的到 50cm，这个幅宽取决于织布的机器以及工艺。所以每种特定的布料都有不一样的幅宽，有些面料幅宽与它的使用功能有关，有些面料幅宽与它的制作工艺及成本有关。

2. 排料

在排料前，先将面料预缩（将面料浸入水中 24 小时自然晾干），检查面料有无瑕疵，如有要避开。如裁片左右片对称，可将面料按照经向方向一折二，反面朝上，进行排料。由于 A 字裙是两片裁片组成，无对称部位，因此，排料前是采用一层面料，反面朝上进行排料。排料时应注意以下几点：先排大部件，再排小部件。先排面料，后排辅料。紧密套排，缺口合并（图 2-23）。

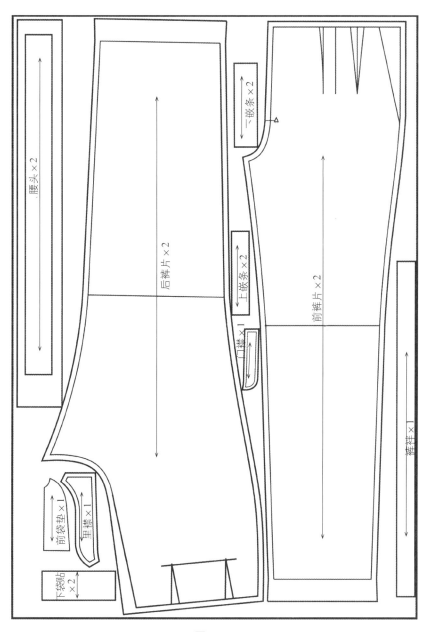

图 2-23

二、面料裁剪

1. 划样

划样：面料正面相对对折放置铺平，样板的经向要与面料的经向一致，在铺平的面料上放置毛样板，使面料的经纱平行于样板的经向，可用两把尺子从丝缕线的上端、下端分别量至布边，如尺寸一致，就说明丝缕挺直（图 2-24）。注意：经纱平行于布边，纬纱垂直于布边。

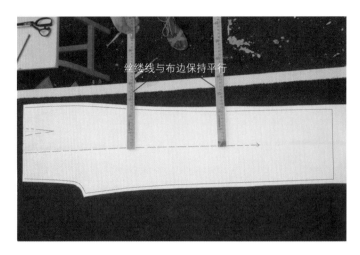

丝缕线与布边保持平行

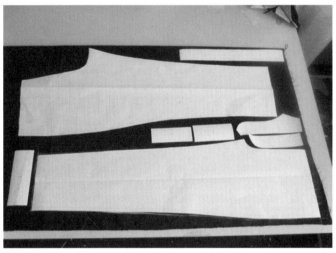

图 2-24

2. 拓出省道、褶裥位置

拓出省道、褶裥位置：将划粉用刀削薄以便视觉清晰。将省道、褶裥位置拓至裁片上（图 2-25）。注意：裁剪到转折处的时候，不要多剪，以储备面料用于零部件的裁剪。

3. 打剪口

打刀眼：面料裁剪好之后，分别在省道、下摆处打上缝制标记，即剪口。长度约 0.3cm，

做裥位标记

图 2-25

不宜过长，否则易抽丝，给制作带来不便（图2-26）。

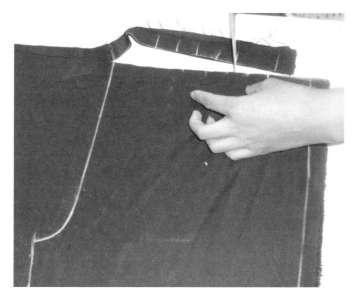

图 2-26

4. 验片

验片：裁剪好样片之后，按照排料示意图检查裁片的数量。要求检验样片是否齐全，避免漏裁、多裁的情况。制作前可以在反面做好标记，以免在制作时正反面拼接错误（图2-27）。

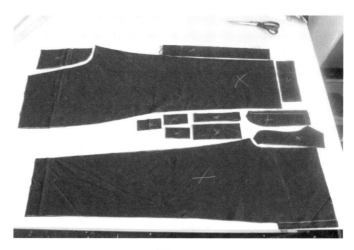

图 2-27

三、辅料裁剪

1. 里料裁剪

按照里料样板在里料上进行排料和裁剪，注意丝缕方向（图2-28）。

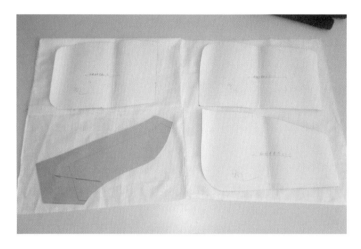

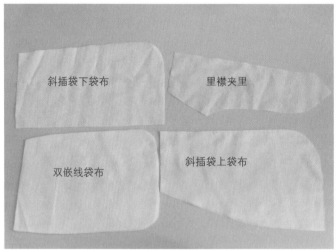

斜插袋下袋布　　　　里襟夹里

双嵌线袋布　　　斜插袋上袋布

图 2-28

2. 衬料裁剪

将所需黏衬的部件放在衬料上裁剪，注意裁片丝缕（图 2-29）。

图 2-29

过程六：缝制

一、编写工艺单

工艺单如表2-3所示。

表2-3　工艺单

款号：N016SA6005　　样板号：11CWG1106C

规格

部位	170/76A	175/78A	180/80A
裤长	101	103	105
腰围	78	80	82
臀围	100	104	108
脚口	20	21	22
直裆	28	28.5	29
中裆	23	24	25

缝制

缝制	缝份	处理方法
内外侧缝	1.2	分开缝
前袋口	1	嵌袋布压0.3cm内缝止口
裆缝	1	向上倒，后袋开袋
腰口	1	分开缝，整个门襟压3.5cm止口
脚口	3	装腰，缝份1cm
后复势缝	1	整腰压暗线
		腰上装腰衬
		拷边、撬边

黏衬

厚料：腰

薄料：腰里、门襟、里襟

后袋开线、斜插袋袋口

辅料

嵌袋

腰上口	商标、洗唛、尺码各1个
袋口	前中拉链1根
门襟	纽扣1粒

二、烫衬

1. 零部件烫衬

将面料反面朝上，面料与衬料反反相对，用熨斗粘牢（图2-30）。注：熨斗的温度不宜过高，熨斗宜压烫，不宜来回移动熨烫，防止衬料粘连。

图2-30

2. 袋位部位烫衬

裁剪宽约2～3cm，长比袋口长2cm左右的衬，粘烫于口袋部位（图2-31）。

18cm

3cm

后裤片反面袋位处烫衬

斜插袋位处反面烫衬

图2-31

3. 门里襟部位黏衬

装拉链部位衬料宽为2cm、长度与拉链长短一致（图2-32）。

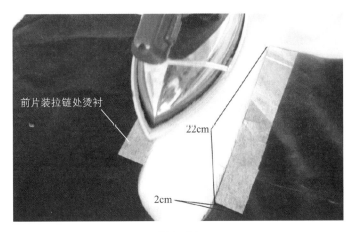

图 2-32

三、烫烫迹线

根据烫迹线在裤片正面烫好烫迹线印，如不是吸风烫台，涉及面料正面的熨烫要盖布烫，以免极光（图2-33）。

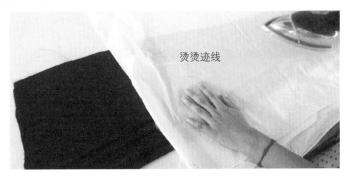

图 2-33

四、拷边

拷边时注意面料正面朝上拷，裤片四周除腰口线不拷，其余均要拷边。使用三线拷边机，拷边线的颜色应与面料颜色一致（图2-34）。注：这里为了让学生看的清楚，采用白色拷边线。

图 2-34

五、收省、裥

1. 收省

缉省时，省两边的刀眼对准，沿划线缉缝，省尖处留出 2～3cm 的缝线剪掉，不打来回针。防止省尖处不平服。省尖处不打倒回针但要空踩一段留 1cm 缝份（图 2-35）。

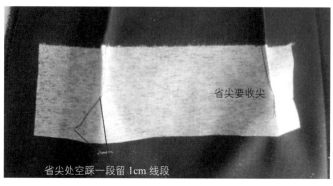

图 2-35

2. 收裥

前片反面根据裥量收裥，裥长 4.5cm，两个裥长度一致（图 2-36）。

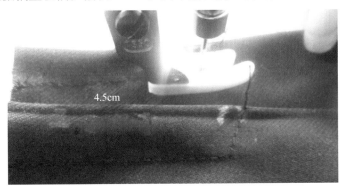

图 2-36

六、烫省、裥

1. 烫省

后片省往两边烫倒，注意省尖要烫平、烫煞（图 2-37）。

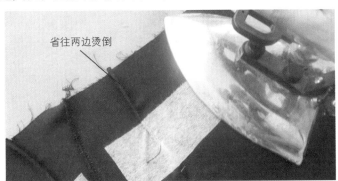

图 2-37

2. 烫裥

前面折裥是反折裥，所以折裥反面倒向窿门弧线，靠袋位处折裥烫至袋口处消失，靠窿门处折裥烫至与烫迹线融合（图 2-38）。

折裥反面向整门烫倒

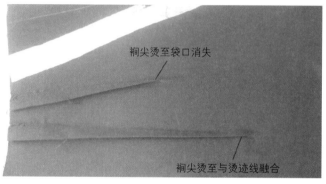

裥尖烫至袋口消失

裥尖烫至与烫迹线融合

图 2-38

七、开双嵌线袋

1. 烫上下嵌条

上嵌条烫好衬后对折烫好，正面在外，下嵌条的一端往里折烫 1cm（图 2-39）。

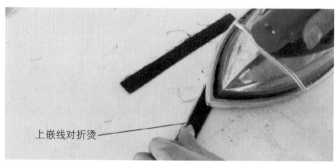

上嵌线对折烫

图 2-39

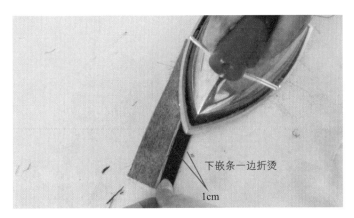

图 2-39

2. 画袋位

在后片正面画出袋位，袋口大 14×1，应画袋位在正面画，可采用隐形划粉，线条可延长，以便车缝嵌条时有参照（图 2-40）。

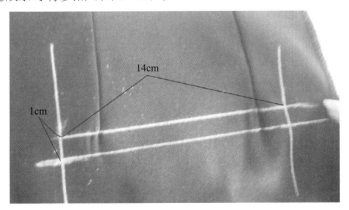

图 2-40

3. 辑上线嵌条

袋布放于下面，在袋口中间固定一条线，上嵌条摆放时开口朝下，嵌线宽 0.5cm，两头打倒回针，下嵌条摆放时开口朝上，嵌线宽 0.5cm，两头打倒回针，检验嵌条车缝的好与不好看反面两条线是否平行，两个头是否一样长（图 2-41）。

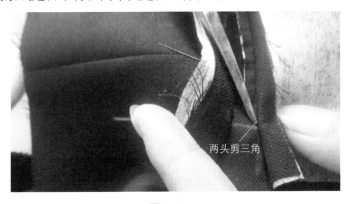

图 2-41

4. 剪三角

剪袋口时从中间向两边剪开袋口，袋口两端剪成三角形，剪三角时剪刀头要快，剪至袋口线剩一至两根纱线即可（图2-42）。

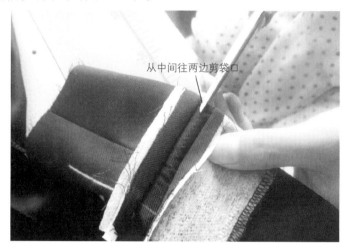

从中间往两边剪袋口

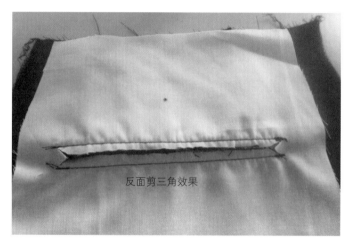

反面剪三角效果

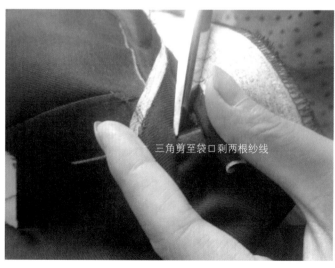

三角剪至袋口剩两根纱线

图2-42

5. 封三角

将嵌线翻正后，在反面封三角，要紧靠袋口处，封三角来回3～4道线（图2-43）。

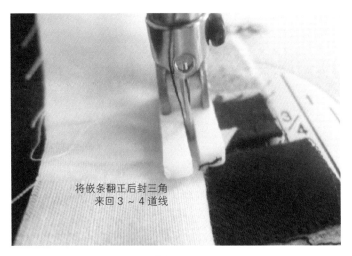

将嵌条翻正后封三角
来回3～4道线

图2-43

6. 固定下嵌条与袋贴

下嵌条与袋布固定，两头不用打倒回针；袋贴平行放于袋布上，距离袋布上口线约6cm，然后与袋布固定，两头也不用打倒回针（图2-44）。

下嵌条与袋布固定

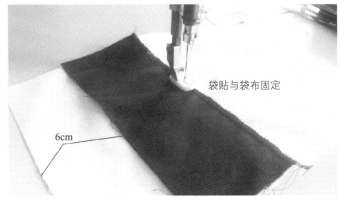

袋贴与袋布固定

6cm

图2-44

7. 兜袋布

两片袋布反面与反面相对，兜袋布 0.5cm，修剪缝份剩 0.3cm，翻正烫平袋布，压线 0.6cm（图 2-45）。

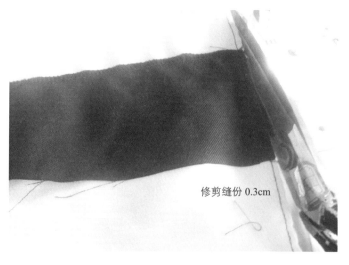

修剪缝份 0.3cm

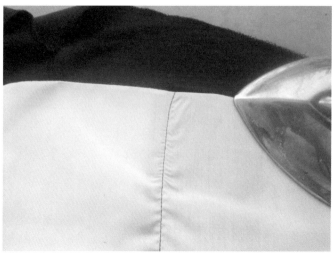

图 2-45

8. 压"门"字缝

将裤片掀起，在袋布上压"门"字缝0.1cm（图2-46）。

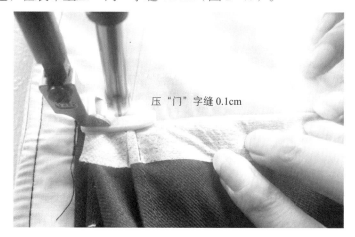

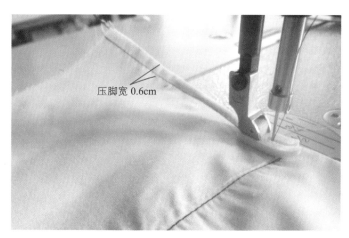

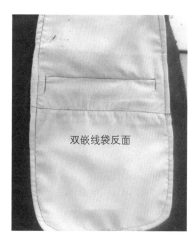

图2-46

八、做斜插袋

1. 烫斜插袋袋位

根据袋位剪口烫好袋位（图2-47）。

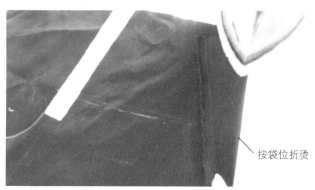

图2-47

2. 固定袋贴

斜插袋袋贴上口放齐，侧缝处袋布空 1cm，袋贴弧度处与袋布固定，袋贴下口空出 2.5cm 不缝住袋布，保持线迹顺直缝（图 2-48）。

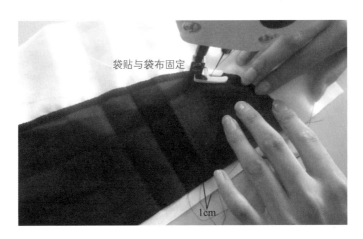

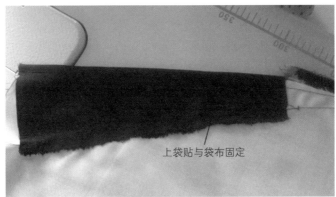

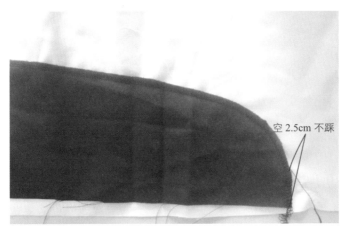

图 2-48

3. 辑上袋布

上袋布倾斜一边与袋口放齐，斜插袋压明线 0.6cm，前片上袋贴与袋布固定（图 2-49）。

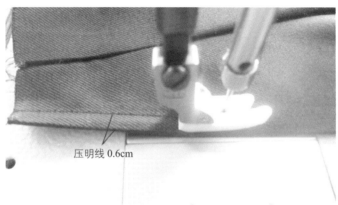

图 2-49

4. 固定上下袋布

斜插袋斜度毛缝 4.5cm，上封口长 3cm，袋口与袋贴固定，注意袋布不能固定住（图 2-50）。

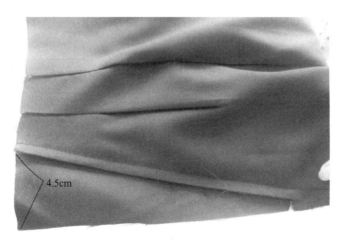

图 2-50

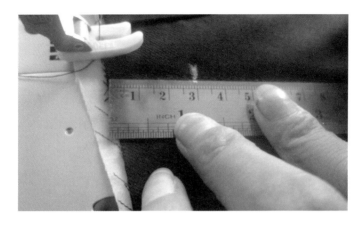

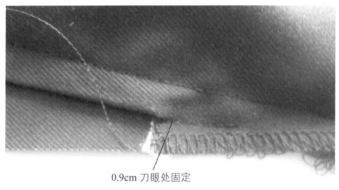

0.9cm 刀眼处固定

图 2-50

5. 修剪袋布

修剪上下层袋布大小，袋布上做几个对位刀眼，以便兜袋布时对位（图 2-51）。

修剪上下袋布

打对位刀眼

图 2-51

6. 兜袋布

袋布反面先兜辑 0.5cm，兜至上（小）袋布剩 2cm 处不再兜辑，修剪袋布缝份剩 0.3cm，并翻正烫平（图 2-52）。

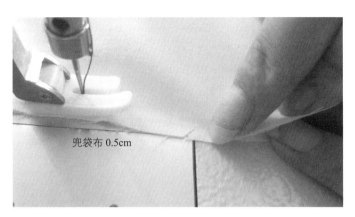

兜袋布 0.5cm

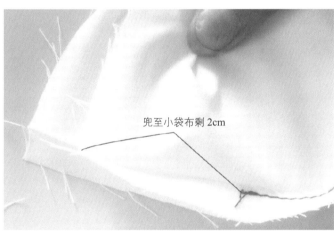

兜至小袋布剩 2cm

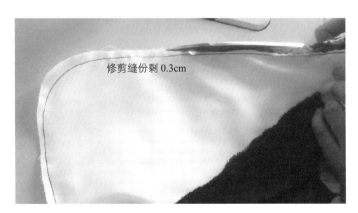

修剪缝份剩 0.3cm

图 2-52

7. 合烫侧缝

前后片侧缝缝合，注意上袋布缝头折好后车缝，烫侧缝分开缝，下袋布多余缝份折光，与后片分开缝烫齐（图 2-53）。

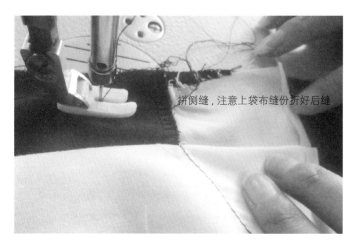

拼侧缝，注意上袋布缝份折好后缝

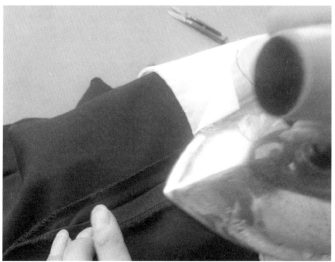

下袋布边折光，与裤片拷边线平齐——

图 2-53

8. 压袋布

压辑袋布时，侧缝处 0.1 缝份，袋布处 0.6 缝份，注意圆角处兜辑圆顺（图 2-54）。

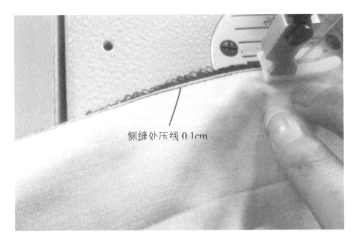

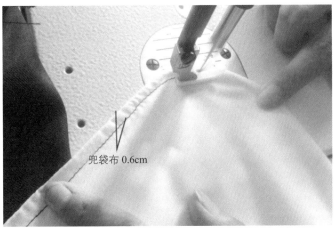

图 2-54

9. 下封口

从上封口处量取袋口大后，封下口，来回车缝 3 ~ 4 道线，下封口与明止口线垂直（图 2-55）。

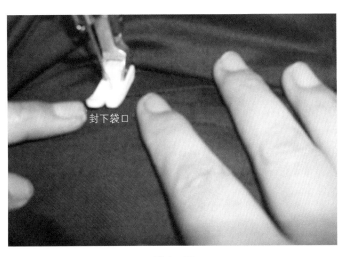

图 2-55

九、合烫裆

缝合前后片内裆缝，注意吃势，避免裤脚口长短不一，裆缝分开缝（图2-56）。

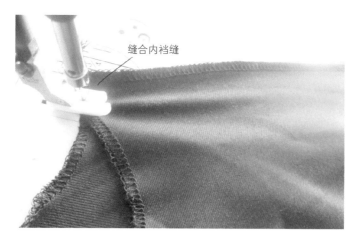

缝合内裆缝

图2-56

十、做裤襻

将裤襻两边往中间折烫，再对折烫，注意上下层错势0.1cm，裤襻两边压线0.1cm（图2-57）。

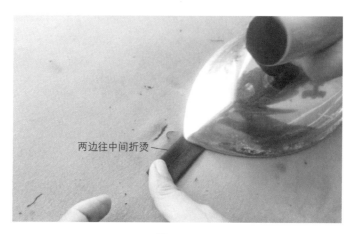

两边往中间折烫

图2-57

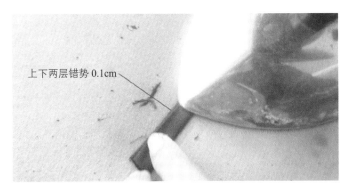

上下两层错势 0.1cm

图 2-57

十一、定襻位

左右腰各三个裤襻，其中一个裤襻离后中 4cm，一个裤襻为烫迹线处的褶裥处，最后一个裤襻位置在前两个二等分处，确定好襻位后固定裤襻（图 2-58）。

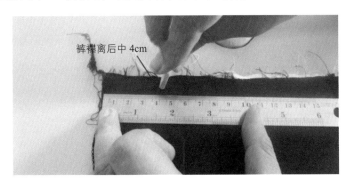

裤襻离后中 4cm

图 2-58

十二、做腰头

1. 烫腰

腰条在烫好无纺衬后再烫硬腰衬，将烫好腰衬的腰头两边缝份扣烫好（图 2-59）。

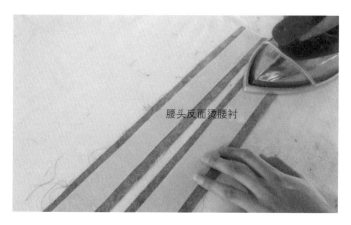

图 2-59

2. 做腰

腰头与腰夹里缝合，缝合时腰条错势 0.5cm，注意缝合时腰夹里略松（图 2-60）。

图 2-60

十三、做门里襟

1. 合小裆

确定装拉链位置及长度，量至拉链金属扣下 0.5cm 处，从拉链位处缝合小裆，缝至接近后腰处，小裆烫分开缝（图 2-61）。

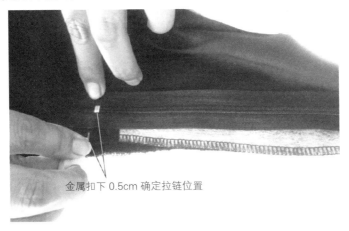

金属扣下 0.5cm 确定拉链位置

图 2-61

2. 做里襟

里襟面与里缝合后修剪缝份剩 0.5cm，弧度处打剪口（图 2-62）。

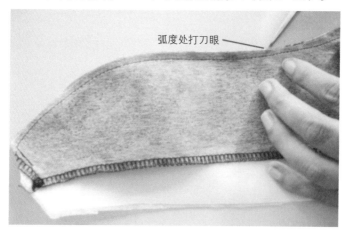

弧度处打刀眼

图 2-62

3. 烫里襟

里襟翻正烫出层次，夹里多余部分按里襟面大小扣烫（图 2-63）。

夹里多余缝份包烫

图 2-63

4. 装里襟

先将拉链与里襟面固定，再将里襟处的拉链与右前片缝合（图2-64）。

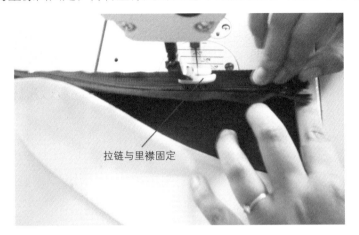

拉链与里襟固定

图2-64

5. 装右腰

装右腰，缝合时沿腰衬缝合，因面料翻转有厚度，压脚缝合时离开腰衬0.1cm（图2-65）。

图2-65

6. 做右腰与里襟

（1）做里襟头。

里襟腰头处宽 6.5cm，从装拉链处量起，腰口处宽 4.5cm，也从装拉链处量起，然后两点连成一条线，根据所画线迹进行缝合，修剪里襟处缝份剩 0.5cm（图 2-66）。

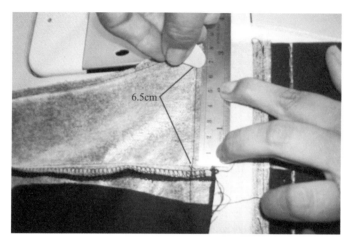

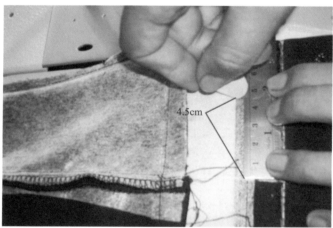

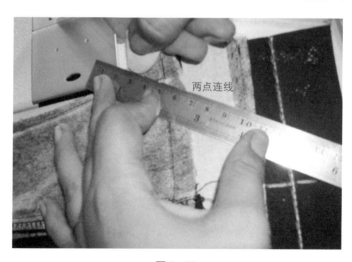

图 2-66

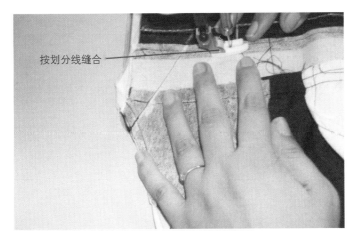

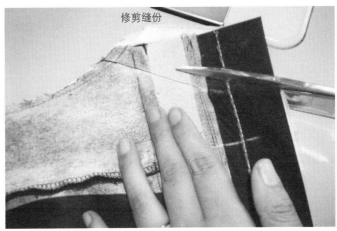

图 2-66

（2）装里襟四件扣。

装四件扣，位置在腰宽中间和拉链牙齿对齐处，反面用力将钩子扣平（图 2-67）。

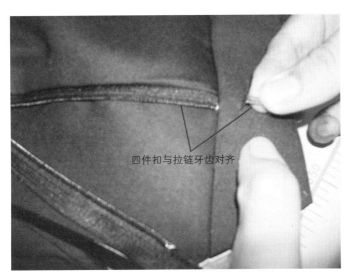

图 2-67

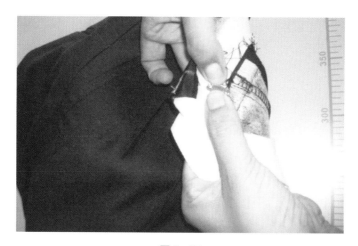

图 2-67

（3）里襟压线。

里襟一圈压线 0.1cm，注意不可有接线（图 2-68）。

图 2-68

7. 做门襟

门襟与左裤片缝合，缝份倒向门襟，压线 0.1cm（图 2-69）。

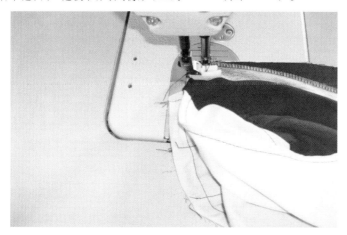

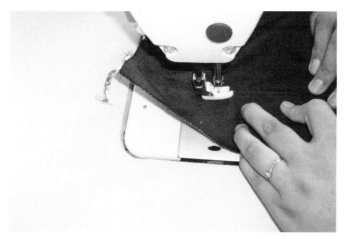

图 2-69

8. 装门襟（图 2-70）

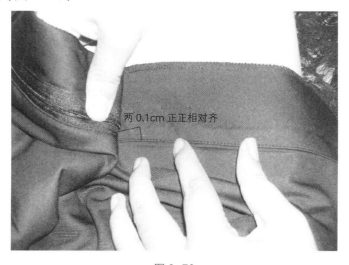

两 0.1cm 正正相对齐

图 2-70

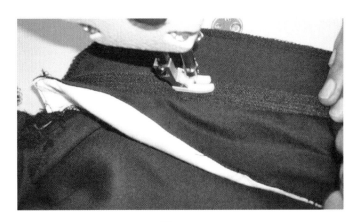

图 2-70

9. 装左腰

装左腰时，门襟处空出 1cm 缝份（图 2-71）。

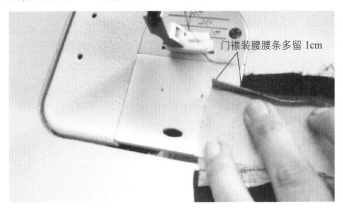

门襟装腰腰条多留 1cm

图 2-71

10. 做左腰与门襟

（1）做左腰头。

翻转门襟，做门襟处腰头，缝制门襟宽处，修剪缝份后翻正（图 2-72）。

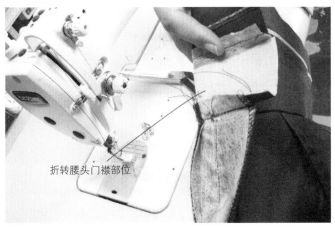

折转腰头门襟部位

图 2-72

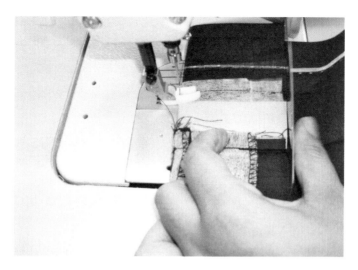

修剪多余缝份

图 2-72

（2）装左腰四件扣。

装门襟处四件扣，注意扣子方向，反面用力将钩子扣平（图 2-73）。

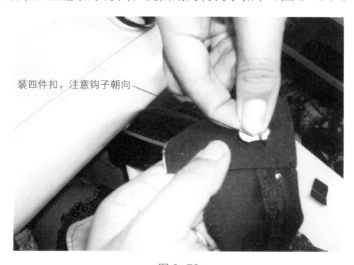

装四件扣，注意钩子朝向

图 2-73

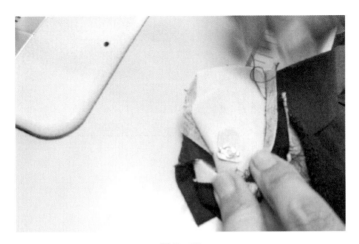

图 2-73

（3）门襟压线。

按门襟净样板，画出门襟压线形状，压门襟明线，门襟拉链封口 0.7cm（图 2-74）。

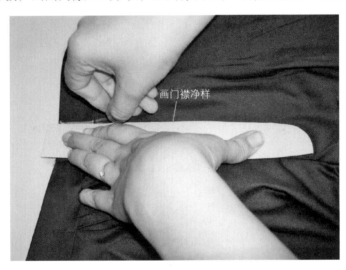

图 2-74

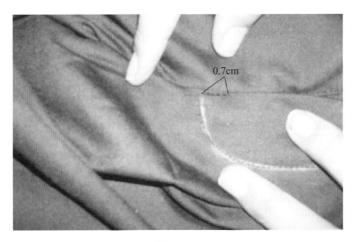

图 2-74

11. 固定门里襟

门里襟反面下端固定，来回 3 ~ 4 道线（图 2-75）。

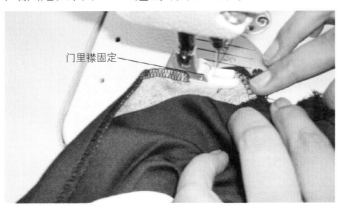

门里襟固定

图 2-75

12. 钉襻

裤襻下口离腰口 1cm，裤襻下封口处留 1cm 坐势，腰口线下来 1cm 处固定后修剪缝份剩 0.2cm，在裤襻里口压线 0.5cm（图 2-76）。

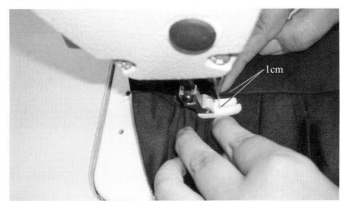

图 2-76

留 1cm 坐姿

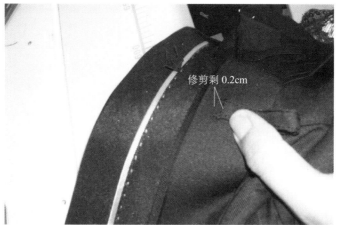

修剪剩 0.2cm

图 2-76

13. 合后中

将后中腰口按缝份大小缝合，注意左右腰对齐，并烫分开缝（图 2-77）。

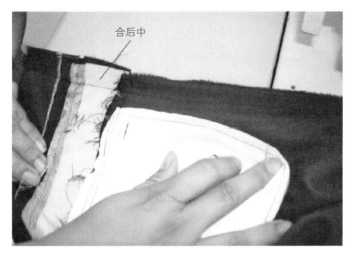

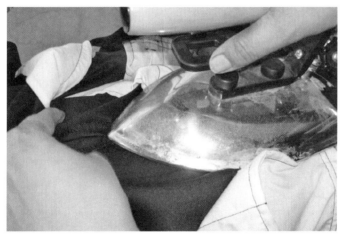

图 2-77

14. 绱腰头

压漏落缝，注意手势，右手往前送，左手在下面略拉紧腰夹里（图 2-78）。

图 2-78

图 2-78

15. 做脚口

（1）烫脚口。

在脚口反面烫脚口缝宽 3cm（图 2-79）。

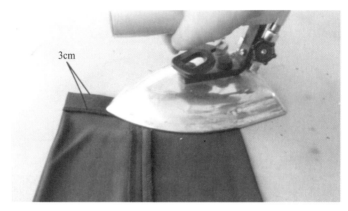

图 2-79

（2）做脚口。

脚口用单股线做三角针，每针间距 0.7cm（图 2-80）。

图 2-80

16. 整烫

裤子完工后，放至吸风烫台整烫，如没吸风烫台，整烫时正面要盖布（图2–81）。

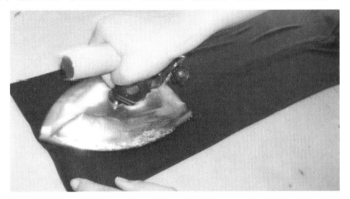

图 2–81

17. 效果图

男西裤效果如图2–82所示。

正面效果图　　　　　　　　　　背面效果图

图 2–82

任务三：牛仔裤

过程一：款式分析

（1）着装效果图（图3-1）。

（2）牛仔裤款式图（图3-2）。

图3-1

正面　　　　　背面

图3-2

（3）款式描述。

装腰型弧腰头，直裆较短，中低腰位，臀部紧身。五个串带襻，上下用套结固定。前中开门襟装拉链，前后裤片无裥无省。前片左右各设一月亮袋，右侧袋内装一只硬币袋，后片贴袋左右各一，后片上部育克分割。

过程二：规格设计

牛仔裤规格设计如表 3-1 所示。

表 3-1　牛仔裤规格尺寸　　　　　　　　　　　　　　　　　　　　单位：cm

牛仔裤规格尺寸表						
成品部位	代号	成品规格	人体部位	代号	人体尺寸	加放量
腰围	W	70	腰围	W*	67	+（0～2）
臀围	H	96	臀围	H*	92	+（4～6）
臀长	HL	17	臀长	HL	17	0
上裆长		21	股上长		25	-4
下裆长		73	股下长		73	
裤长	TL	94	上裆长 + 下裆长		21+73	
脚口	SB	26	脚口	SB	26	
总裆宽		13.45	总裆宽		前裆宽（0.04H）+ 后裆宽（0.1H）	
后上裆倾斜角		16°				
备注说明：						
1. 低腰量：4cm，表格中出现的 -4 为减去低腰量。牛仔裤属于低腰裤，故减去 4cm						
2. 上裆长 = 股上长 − 低腰量（4cm）						

过程三：制图

（1）在裤装原型结构图基础上，取前臀围 $H/4-1cm$，后臀围 $H/4+1cm$，前腰围 $H/4+0.5cm$，后腰围 $H/4-0.5cm$，前中心向内撇进 1.5cm，前腰中心下落 1.5cm，前侧缝向内撇进 2cm，其余前臀腰差量作为省线；取后裆斜倾角 16°，后侧缝向内撇进 0.5cm，其余后臀腰差量作为省量，画顺基础腰围线。

（2）平行基础腰围线低落 4cm 作腰围线，再向下截取腰宽 3.5cm，闭合省道，画顺后育克。

（3）取前后裆宽，作前挺缝线位于前横裆中点处，后挺缝线位于后横裆中点向侧缝偏移 1cm 处，画顺前后上裆弧线。

（4）取前脚口 $SB-1.5cm$，后脚口 $SB+1.5cm$，中裆比脚口向内收进 2.5cm，与横裆连接，画顺内裆缝、侧缝线和脚口弧线。

（5）加粗裤片外轮廓线（图 3-3）。

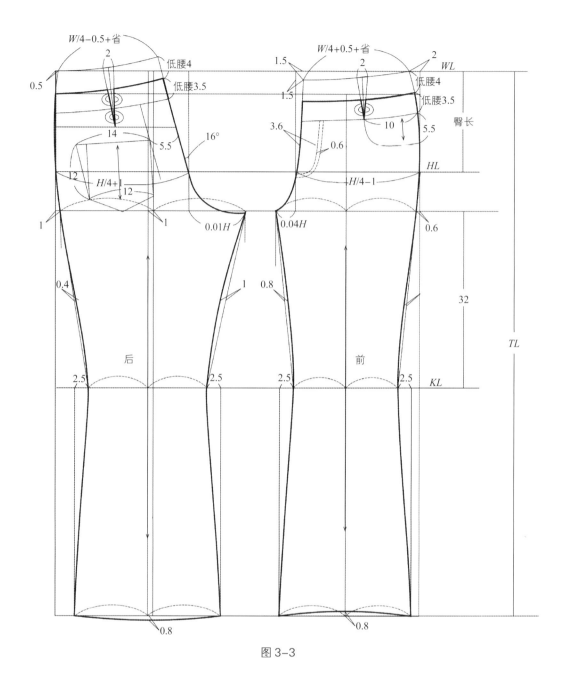

图 3-3

牛仔裤制图原理

1. 腰位与腰围

西裤一般为直腰，裤腰穿着位置在腰部最细处，腰围放松量 0 ~ 2cm。而牛仔裤大多为中低腰的弧线造型，穿着位置在腰线以下。由于人体腰部至臀部是上小下大的近似圆台状，因此裤腰越低，裤腰围越大（图 3-4）。

2. 前片无裥款式裤装的前后臀围 / 腰围差分配

正装裤中的臀围与腰围一样，都是每片按四等分计算，然后前片减 1cm 后片加 1cm。但是在前片无裥款式的裤装中也这样处理的话，会导致前中撇势与前侧缝撇势过大而影响成品造型。而后片的育克分割，可以把一部分省量转入分割线，且后中困势中也可以处理多于前中撇势的臀腰差，因此当采用前片 1/4 臀围 -1、后片 1/4 臀围 +1 时，前后腰围大均为 1/4

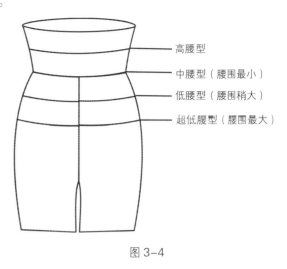

高腰型
中腰型（腰围最小）
低腰型（腰围稍大）
超低腰型（腰围最大）

图 3-4

腰围；或后片臀围大均为 1/4 臀围时，前片腰围大为 1/4 腰围 +1、后片腰围大为 1/4 腰围 -1。

3. 为什么牛仔裤的前腰围大公式中增加了 0.5cm

休闲类裤装中，门里襟前中线上的重叠量大于正装裤，通常达到 1cm 甚至 1cm 以上，为了弥补因此而变小的腰围，必须在原腰围公式的基础上增加 1cm，分配到两个前裤片上，即 0.5cm。具体的增量须视工艺制作中实际的重叠量而定。

过程四：制板

一、面料算料

一般在幅宽≥臀围的情况下，一个裤长即是牛仔裤的用料。

例如：裤长是 100cm，臀围为 94，94 <选用幅宽 150cm、140cm、120cm 面料，那么 1 条裤子的长度，即为牛仔裤的面料用料。当裤子臀围>所选面料幅宽的时候，那么要 1 个半裤子的长度，即 1.5×100cm=150cm 的长度为面料用料。

二、辅料的配料与算料

面料的幅宽就是面料的宽度。从布的经向这边量到那边就是幅宽，也是布的纬宽，就像地球的纬度一样。布料在生产和运输的时候是成匹的。布料的幅宽一般为 150cm，但 140cm，120cm 都有，甚至还有更窄的到 50cm，这个幅宽取决于织布的机器以及工艺。所以每种特定的布料都有不一样的幅宽，有些面料幅宽与它的使用功能有关，有些面料幅宽与它的制作工艺及成本有关。

辅料的名称及数量（表 3-2）。

表3-2 辅料

辅料名称	辅料数量
衬料	根据不同部位的不同造型需求进行配料。腰头衬料和腰头尺寸大小一致，门襟拉链处衬料长为门襟毛样长度、宽为门襟毛样宽
拉链	铜拉链1根
工字纽扣	1粒
装饰扣	6粒
缝纫线	黄色缝纫线细线1团，粗线1团
拷边线	黄色拷边线3团

三、前后裤片放缝（图3-5）

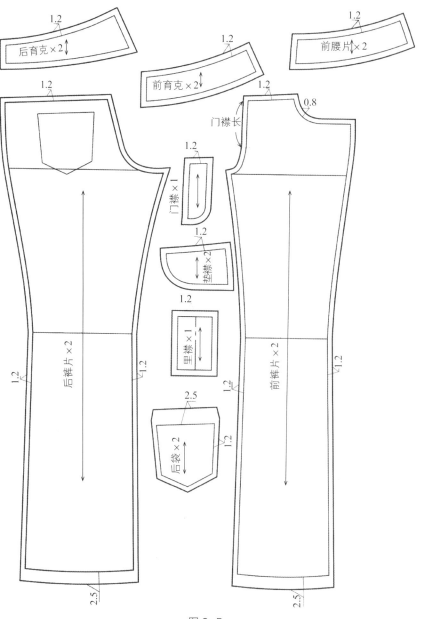

图3-5

（1）由于牛仔面料较厚，缉双止口时坐缝较多，前后裤片四周放缝1.2cm。

（2）前裤片装拉链开口位置以门襟净长为准。

（3）裤脚口、袋口缉线宽度1.5cm，放缝1.5+1cm。

（4）前袋口弧线放缝为0.7cm（也可根据工艺要求设计1cm）。

（5）后袋位钻眼位置比实际位置缩进0.3cm。

（6）零部件放缝、袋垫及硬巾袋配置方法（图3-6）。

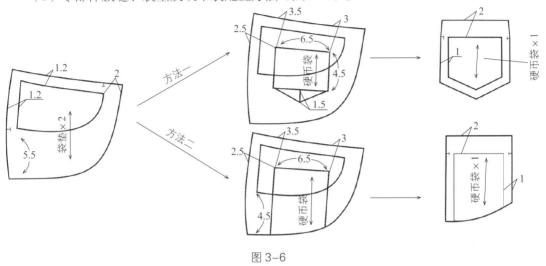

图3-6

（7）袋布配置方法（图3-7）。

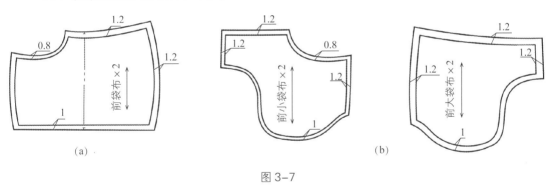

图3-7

袋布配置方法有两种：一片式袋布制图及放缝如图3-7（a）所示，两片式袋布制图及放缝如图3-7（b）所示。

四、排料

在排料前，先将面料预缩（将面料浸入水中24小时自然晾干），检查面料有无瑕疵，如有要避开。牛仔裤的裁片是左右片对称，可将面料按照经向方向一折二，反面朝上，进行排料（图3-8）。排料时应注意以下几点：

（1）先排大部件，再排小部件。

（2）先排面料，后排辅料。

（3）紧密套排，缺口合并。

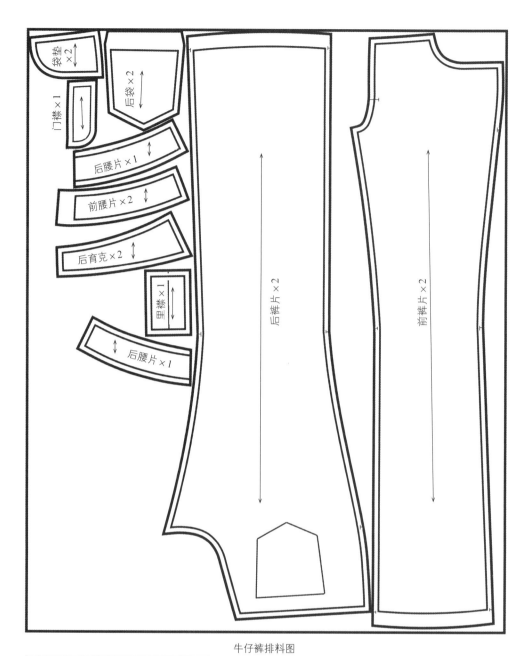

牛仔裤排料图

牛仔裤袋布排料图

图 3-8

过程五：裁剪

一、面料裁剪

1. 裁片划样

画样时面料双层正正相对，布边对齐，面料反面朝上放置，将划粉削薄，样板的经向要与面料的经向一致，在铺平的面料上放置毛样板，使面料的经纱平行于样板的经向（图3-9）。注：经纱平行于布边，纬纱垂直于布边。

图 3-9

2. 裤子裁剪

裁剪时，不可超出划样线。上层面料不可拉动，以免造成误差（图3-10）。

3. 验片

验片：裁剪好样片之后，按照排料示意图检查裁片的数量。要求检验样片是否齐全，避免漏裁、多裁的情况。制作前可以在反面做好标记，以免在制作时正反面拼接错误（图3-11）。

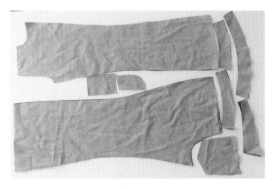

图 3-10 图 3-11

二、辅料裁剪

1. 袋布裁剪

袋布正正相对，布边对齐，有时布边处在织布时比较紧，不容易对齐，那么在对折边铺平即可，再开始划样，裁剪时同样要注意剪刀尖不可超出净样线（图3-12）。

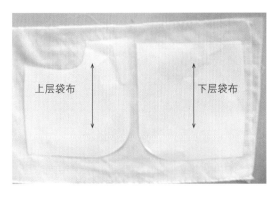

上层袋布　　　　下层袋布

图 3-12

2. 侧缝处的黏合衬

黏合衬长度与拉链长度一致，宽度为 2cm。

3. 验片（图 3-13）

三、衬料裁剪

图 3-13

1. 黏合衬划样裁剪

将纸衬反反相对，对折，注意衬的经纬向对准，按照裁片大小裁剪所需的纸衬（图 3-14）。

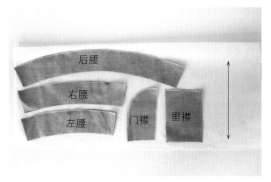

后腰

右腰

左腰　　门襟　里襟

图 3-14

2. 衬料验片（图 3-15）

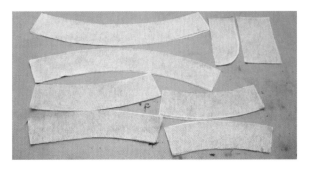

图 3-15

过程六：缝制

一、编写工艺单

牛仔裤工艺单如表3-3所示。

表3-3　牛仔裤工艺单

单位：cm

款号：WQ—07007	名称：牛仔裤	下单工厂：ZJ. FASHION	完成日期：20□3年7月20日

款式图：

正面　　背面

尺码 部位	S	M	L	XL
裤长	55	60	65	70
腰围	67	70	72	74
臀围	92	96	100	104
臀围	92	96	100	104
腰宽	3	3	3	3

规格表 单位：cm

面料小样：

辅料小样：

粘衬部位：
1. 腰头
2. 门襟、里襟

裁剪要求：
1. 纱向顺直、
2. 裁片准确，二层相符
3. 刀口整齐，刀深0.5cm

面辅料配备

名称	货号	门幅(规格)	单位用量	名称	货号	门幅(规格)	单位用量
面料		150cm	100cm	尺码标			1
粘衬		100cm	50cm	明线	配色		
袋布		100cm	40cm	暗线	配色		
纽扣		2cm	1颗	铆钉			4
拉链		20cm	1根	洗水唛			1

明线针距：12针/3cm　　暗线针距：针12/3cm

工艺缝制要求：
1. 针距：平车针距为13针/3cm
2. 线迹：底面线均匀、不浮线、不跳针等
3. 合缝要求不拉斜、不扭曲、弧度圆顺，辅线1.2cm，宽窄一致
4. 门襟拉链处要求平服，无漏针
5. 洗水唛夹钉于左侧内缝距下摆底边10cm处
6. 整烫：各部位烫平整服贴，烫后无污渍、油迹、水迹，不起极光和亮

二、做标记

后贴袋：将划粉削薄，使用贴袋净样板，每个顶点复制到后裤片上面，做好5个点的对位标记（图3-16）。

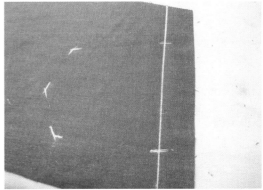

图3-16

三、烫衬

腰面烫衬：粘衬时，熨斗温度要注意，可以先在旁边试试温度，也可在熨斗上调节适宜的温度。用力压烫（图3-17）。

四、拷边

1. 门襟、袋贴拷边

拷边时，面料正面朝上，门襟和袋贴均是弧度，拷边时注意放慢速度，避免将面料拷破（图3-18）。

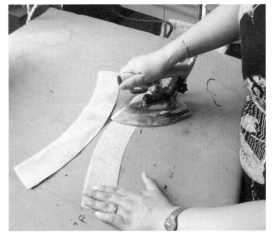

图3-17

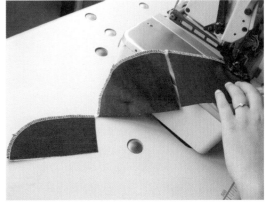

图3-18

2. 里襟、前裆弧长拷边

里襟拷边前先将底部平缝 0.5cm，翻至正面。腰头部位不拷边，拷最长的一边（图 3-19）。

图 3-19

五、做横插袋

1. 做横插袋标记

按照样板做标记，在面料上打 0.3cm 的剪口。然后将袋贴侧缝与下层袋布侧缝对齐，腰口上端对齐，沿拷边线里侧缉线，开始结束打来回针（图 3-20）。

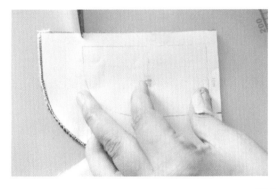
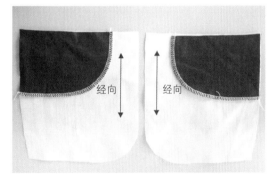

图 3-20

2. 上层袋布与前裤片缝合

上层袋布与前裤片正正相对，平缝 0.7cm，再将缝头修剪成 0.2 ~ 0.3cm。在弯度比较大的地方打刀眼，不可剪断缉线，然后用熨斗将面料反吐 0.1cm，压牢（图 3-21）。

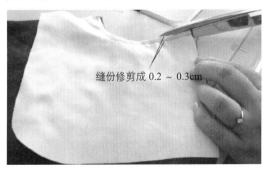

图 3-21

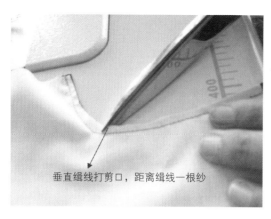
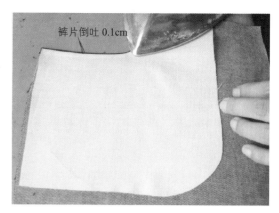

垂直缉线打剪口，距离缉线一根纱

裤片倒吐 0.1cm

图 3-21

3. 袋口缉双明线

第一条明线 0.15cm，第二条缉线 0.7cm，注意袋口不宜拉大，容易（图 3-22）。

4. 袋口封结

用直尺量取 1.5cm，做好标记，侧缝处对准剪口，袋口留有一定的松量，松量在 0.7cm 左右，在侧缝处固定（图 3-23）。

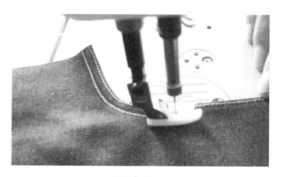

图 3-22

图 3-23

5. 修剪袋布

将袋布修剪成一致大小，在做几个斜向刀眼，以备兜缉来去缝时对准位置（图 3-24）。

6. 兜来去缝

从袋口伸进去，使袋布反反相对，平缝 0.3cm，如果制作时缝份大小不均，可以将缝份修剪成 0.3cm 大小。反过来在正面缉 0.6cm，将 0.3cm 的缝份包牢（图 3-25）。

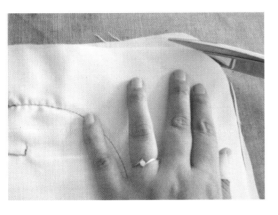
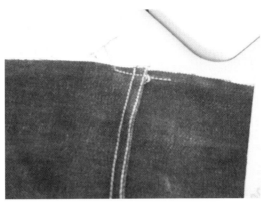

图 3-24　　　　　　　　　　　　　　　图 3-25

7. 固定侧缝

在侧缝处按照先前做的剪口固定（图 3-26）。

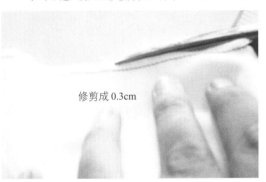

修剪成 0.3cm

明线 0.6cm

图 3-26

六、做后贴袋

1. 熨烫贴袋

用复制的方法做一个后贴袋的净样板。袋口上方先折烫 1cm，再向反面折转 2cm，然后四周均按照净样板向反面熨烫平服（图 3-27）。

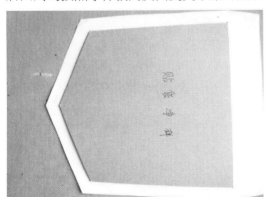
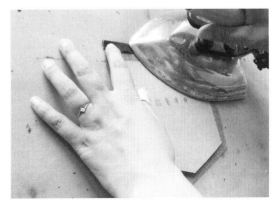

图 3-27

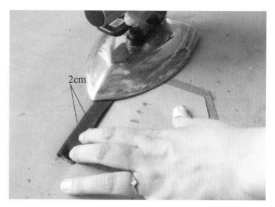

图 3-27

2. 袋口缉明线

在正面压明线,明线宽 1.9cm。注意线迹顺直(图 3-28)。

3. 固定贴袋

将熨烫好的贴袋按照划粉线对准,从口袋的右侧开始缉线,第一道缉线 0.15cm,第二道缉线 0.6cm(图 3-29)。

图 3-28

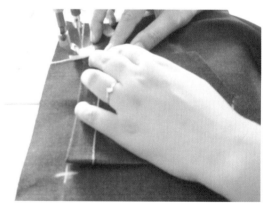

图 3-29

七、合后育克

1. 拼接育克

由于裤子是左右对称的,在放置时一定要注意左右,先在正面摆放好,然后按照面料正正相对,平缝 1cm(图 3-30)。

图 3-30

2. 拷边

拷边时，后裤片在上进行拷边（图 3-31）。

3. 熨烫缝份

缝份向上倒熨烫，先在反面熨烫，再在正面压烫一次（图 3-32）。

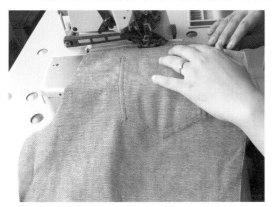
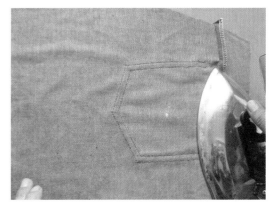

图 3-31　　　　　　　　　　　　　　图 3-32

4. 缉明线

第一道缉线 0.15cm，第二道缉线 0.6cm，线迹保持顺直（图 3-33）。

图 3-33

八、合侧缝

1. 合右侧缝

合右侧缝时，从腰头往下缉线，缝份1.2cm，两层面料长短一致，不可有链形（图3-34）。

2. 合左侧缝

合左侧缝时，从脚口往上缉线，缝份1.2cm，边做边比较两侧缝是否保持长短一致（图3-35）。

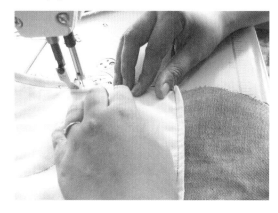

图3-34

图3-35

3. 侧缝拷边

拷边时前裤片在上，后裤片在下。熨烫侧缝时，采用坐倒缝，缝份倒向一边，在正面再压烫一次，检查缝份是否全部烫平服（图3-36）。

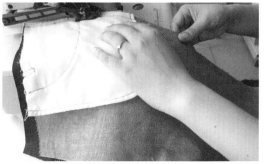

图3-36

4．缉明线

在侧缝处从上往下量取 25cm 做好标记，侧缝开始缉 0.15cm 的明线（图3–37）。

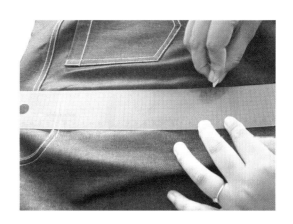

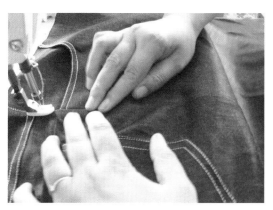

图 3–37

九、门襟拉链制作

1．熨烫门襟

拉链与门襟正正相对，拉链底端向外偏出 0.3cm 放置，如图 3–38 所示。

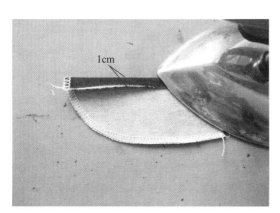

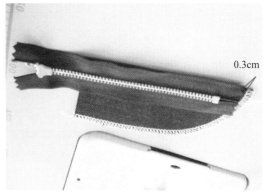

图 3–38

2．固定门襟拉链

沿拉链边缘缉线，第一道 0.1cm。第二道缉线 0.6cm（图 3–39）。

图 3-39

3. 门襟和左前裆缝缝合

门襟正面与裆缝正面相对，平缝 1cm。
开始和结束均打来回针固定（图 3-40）。

4. 缉止口线

门襟向上 1cm 做好标记。然后缉止口
线 0.15cm 到标记处停止，缝线预留 3~4cm
剪断（图 3-41）。

图 3-40

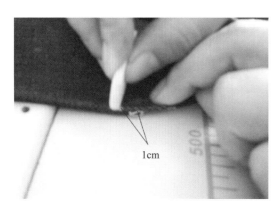

1cm

图 3-41

5. 绘制门襟弧度线

按照门襟缉线净样板画线，划粉必须
削薄。否则误差较大。门襟弧度完成图如
图 3-42 所示。

图 3-42

6. 门襟缉明线

第一道缉线按照划线进行缉缝，第二道缉线宽度 0.6cm（图 3-43）。

图 3-43

7. 里襟与门襟固定

拉链边缘与里襟拷边线里侧线对齐，延边缉 0.1cm 固定（图 3-44）。

8. 固定右前裆缝

右前小裆向反面折转 0.7cm，正面压 0.15cm 明线与拉链固定（图 3-45）。（缉至拉链铁头向下 1 厘米位置停止）

9. 打剪口

里襟下端打剪口，剪口不可超过缉线宽度（图 3-46）。

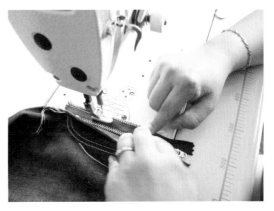

图 3-44

 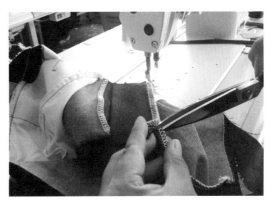

图 3-45　　　　　　　　　　图 3-46

10. 合前小裆

把门襟明线藏好，注意正面效果要好，从小裆往上缉第一道明线线 0.15cm。再缉第二道明线 0.6cm（图 3-47）。

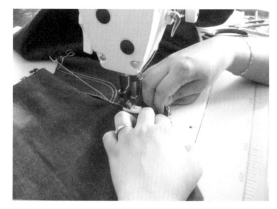

图 3-47

11. 门里襟固定

固定时，缉线三针，再打来回针 3 ~ 4 次（图 3-48）。

12. 拉链完成图

拉链完成图如图 3-49 所示。

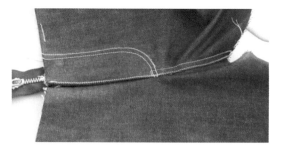

图 3-48

图 3-49

十、合后裆

1. 拼接后裆缝

后裆缝正正相对，平缝 1.2cm，育克左右要对齐，不可有高低现象（图 3-50）。

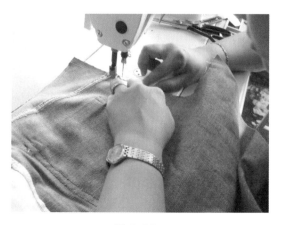

图 3-50

2. 后裆缝拷边

右前裤片在上拷边（图3-51）。

3. 熨烫后裆缝

熨烫时，缝份倒向左后裤片一侧（图3-52）。

4. 缉明线

正面压明线两条，一条0.15cm，一条0.6cm（图3-53）。

图3-51

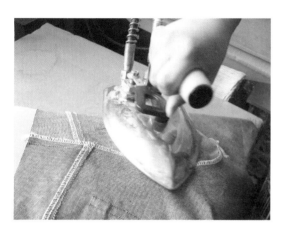

图3-52

图3-53

十一、缝合下裆缝

1. 缝合下裆缝

裆底十字缝对准，平缝1cm（图3-54）。

2. 下裆缝拷边

裆底十字缝拷边时，注意放慢速度，因为面料比较厚，容易断针和拷边效果不好（图3-55）。

3. 熨烫下裆缝

熨烫下裆缝，倒向后裤片（图3-56）。

图3-54

图3-55

图 3-56

十二、做腰头

1. 后中腰头拼接

后腰正正相对，平缝 1cm，再烫分开缝（图 3-57）。

2. 合左腰和右腰

合左腰和右腰，均采用分开缝，熨烫平服（图 3-58）。

图 3-57

图 3-58

3. 腰面和腰里缝合

腰面和腰里缝合，平缝 1cm，再把缝份修剪成 0.5cm（图 3-59）。

4. 熨烫腰头

要求腰面倒吐 0.1cm，熨烫平服（图 3-60）。

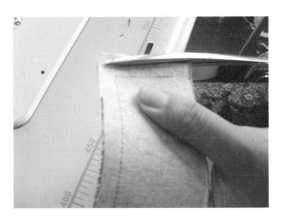

图 3-59

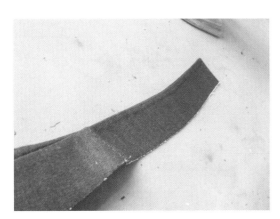

图 3-60

十三、绱腰头

采用闷腰的方法，腰头两端要放正，牛仔裤腰面四周均压明线宽 0.15cm，闷缝时注意腰头要保持平服，无链形（图 3-61）。

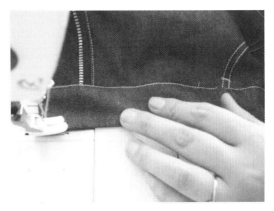

图 3-61

十四、做脚口

1. 熨烫脚口贴边

脚口先折转1cm，熨烫平整，再折转2cm熨烫平服（图3-62）。

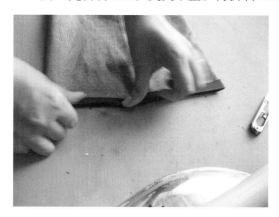 

图 3-62

2. 压缉明线

正面压缉明线1.9cm，线迹保持宽度一致（图3-63）。

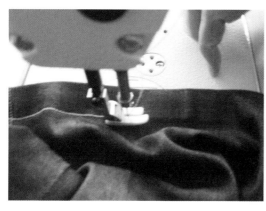 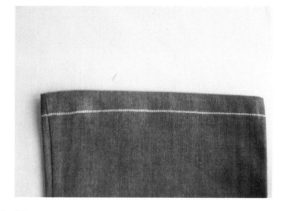

图 3-63

十五、锁扣眼、钉扣

1. 剪扣眼

扣眼大小等于纽扣直径+0.3cm。将扣眼折叠用剪刀剪开0.5cm，再沿线剪至两边处（图3-64）。

2. 锁扣眼

牛仔裤扣眼属于圆头扣眼，牛仔面料比较厚，因此扣眼缝线使用3根线锁眼（图3-65）。

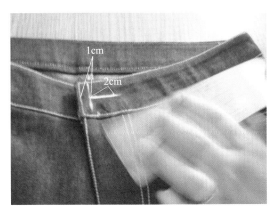

图 3-64

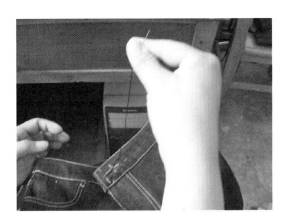

图 3-65

3. 钉扣

纽扣位置在扣眼中心处，缝扣眼也需 3 根缝线缝牢，打线柱固定，线结打在反面（图 3-66）。

十六、整烫

整烫时，所有不平服的部位均需要熨烫平整，不可有褶皱（图 3-67）。

图 3-66

图 3-67

十七、成品效果图（图 3-68）

牛仔裤成品效果图如图 3-68 所示。

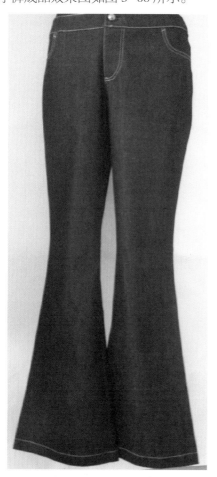
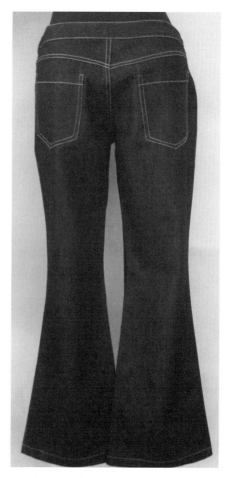

图 3-68

裤装设计

K UZHUANG
SHE JI

任务四：裤装款式图绘制

一、绘制框架

将裤长的四分之一作为直裆的长度，画出基本框架，具体方法如下：AB 距离为直裆长（不包括腰宽）AB ： AC=4 ： 3，CD= 裤长，中裆线根据具体的款式而定（图 4-1）。

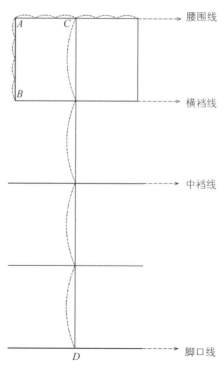

裤装平面图基本框架的确定

图 4-1

1. 西裤款式图的绘制

特征：正常腰位，臀部合体，裤管呈直筒型。绘制步骤如下所述：

（1）画出基本框架（图4-2）。

（2）确定腰围与臀围的比例，A、B等距，腰宽为4cm，$A+B=$臀围的五分之一，也可以考虑臀腰差的比值；确定中档、脚口部位（图4-3）。

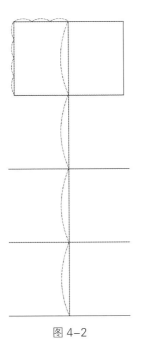

图4-2

图4-3

（3）确定外轮廓形状（图4-4）。

（4）画出内部结构和细节，整体完成正、反面款式图，要求左右对称（图4-5）。

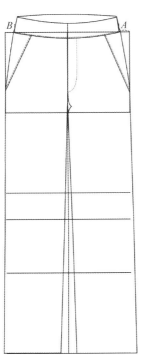

图4-4

图4-5

2. 低腰牛仔裤（脚口微型喇叭）款式图绘制

特征：低腰位，臀部紧身，脚口微型喇叭。绘制步骤如下图所示：

（1）画出基本框架，大小比例根据款式特征，可以在围度上适当减小，拉长纵向距离，体现修长（图4-6）。

（2）腰口大可以定数或采用四等分来取值，中裆线定中间或偏上；脚口根据喇叭口略放大（图4-7）。

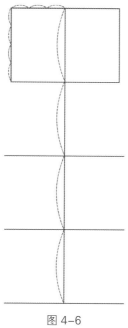

图4-6

图4-7

（3）确定外轮廓形状（图4-8）。

（4）画出内部结构和细节，整体完成正、反面款式，要求左右对称（图4-9）。

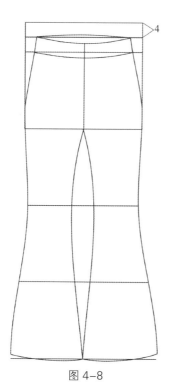

图4-8

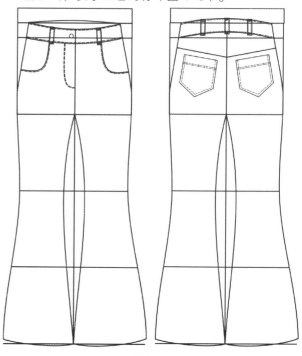

图4-9

3. 高腰锥型裤款式图绘制

特征：高腰位，臀部紧身，脚口微型喇叭。绘制步骤如图所示：

（1）画出基本框架，抓住该裤型和脚口的特征（图4-10）。

（2）确定腰围大小和腰宽，中档部位忽略不计，定出脚口大小（图4-11）。

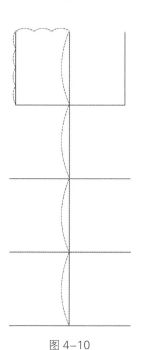

图 4-10

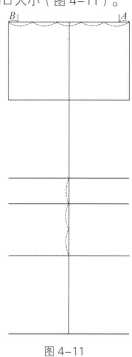

图 4-11

（3）确定外轮廓形状（图4-12）。

（4）画出内部结构和细节，整体完成正、反面款式，要求左右对称（图4-13）。

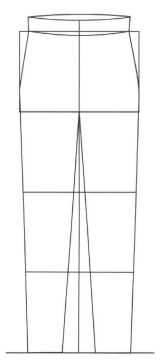

图 4-12

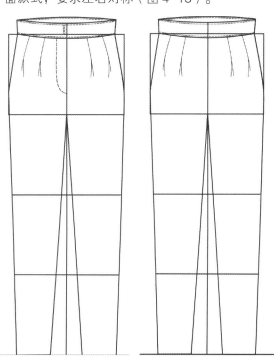

图 4-13

4. 变化时装裤款式图绘制

特征：低腰位宽腰面，臀部合体，腰面设计丰富，裤管有纵向和横向分割，大口袋设计。具体步骤如下所述：

（1）画出基本框架（图4-14）。

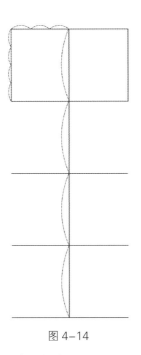

图4-14

（2）此款为中腰时装裤，在基本框架上确定腰宽，中档部位忽略（图4-15）。

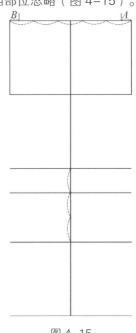

图4-15

（3）确定各部位比例（图4-16）。

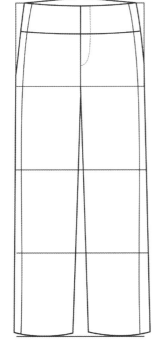

图4-16

（4）此款装饰线和口袋比较丰富，考虑前后的重叠关系，压明线的方向（图4-17）。

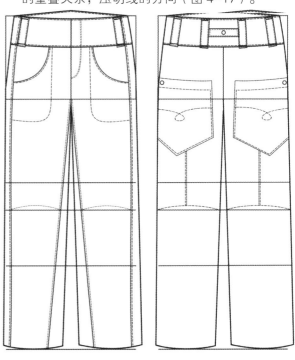

图4-17

★ 知识盘点

T.P.O. 设计原则

服装所具有的实用功能与审美功能要求设计者首先要明确设计的目的，要根据穿着的对象、环境、场合、时间等基本条件去进行创造性地设想，寻求人、环境、服装的高度和谐。这就是我们通常说的服装设计必须考虑的前提条件——T.P.O. 原则。

T.P.O. 三个字母分别代表 Time（时间）、Place（场合、环境）、Object（主体、着装者）。

1. 时间（Time）

简单地说，不同的气候条件对服装的设计提出不同的要求，服装的造型、面料的选择、装饰手法甚至艺术气氛的塑造都要受到时间的影响和限制。同时一些特别的时刻对服装设计提出了特别的要求，例如毕业典礼、结婚庆典等。服装行业还是一个不断追求时尚和流行的行业，服装设计应具有超前的意识，把握流行的趋势，引导人们的消费倾向。

2. 场合、环境（Place）

人在生活中要经常处于不同的环境和场合，均需要有相应的服装来适合这不同的环境。服装设计要考虑到不同场所中人们着装的需求与爱好以及一定场合中礼仪和习俗的要求。一件夜礼服与一件运动服的设计是迥然不同的。夜礼服适合于华丽的交际场所，它符合这种环境的礼仪要求，而运动服出现在运动场合，它的设计必然是轻巧合体而适合运动需求的。一项优秀的服装设计必然是服装与环境的完美结合，服装充分利用环境因素，在背景的衬托下更具魅力。

3. 主体、着装者（Object）

人是服装设计的中心，在进行设计前我们要对人的各种因素进行分析、归类，才能使人们的设计具有针对性和定位性。服装设计应对不同地区、不同性别和年龄层的人体形态特征进行数据统计分析，并对人体工程学方面的基础知识加以了解，以便设计出科学、合体的服装。从人的个体来说，不同的文化背景、教育程度、个性与修养、艺术品位以及经济能力等因素都影响到个体对服装的选择，设计中也应针对个体的特征确定设计的方案。

二、平面构成设计

走进服装设计的基础美学，看服装设计的构成要素，学服装设计的美学法则，学习这些知识是为了在实践中灵活运用，因此必须从实际出发，在生活中寻找实例，使学习更为扎实、灵动。

服装是三围的立体空间造型，由最基本的形态要素——点、线、面所构成，服装设计就是运用美的形式，将这些形态要素组合成完美的服装造型。

（一）点的设计

点是几何学中最小的基本形态，在服装设计中的点有大小、形状、色彩、质地的变化，具有活泼、突出、引导视线的特点，如服装上的扣子、饰品等，起标明位置和视觉中心的作用。

1. 点的形态

主要分为几何形的点和任意形的点两种。几何形的点的轮廓有直线、弧线这类几何线构成，如服装上的口袋、领结、纽扣、扣襻等。任意形的点没有一定的形状，轮廓由任意形的弧线或曲线构成，如饰品等（图4–18）。

图4–18

2. 点的位置

主要有以下五种情况：

（1）单点：集中目光，具有向心性。

单点位于空间中心位置时，诱导视线集中（图4–19）。

单点靠近一侧时，具有不安定感和游动感（图4–20）。

图4–19

图4–20

（2）两点：视觉效果丰富，而且间距不同，位置不同，给人的感觉也会不同。

两点在空间遥相呼应时，两点是基本对称的，能产生上下、左右、前后均衡的静感（图4-21）。

两点靠近某个角或某条边时，让人有移动感，并且向外延长，更增加了动感（图4-22）。

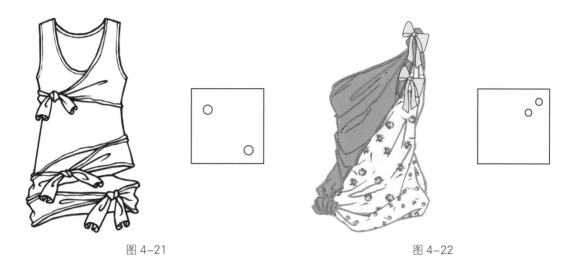

图4-21   图4-22

（3）三点：按一定位置排列时，能够引导视线流动，视觉上有三角联系感和时间感。三点呈紧密连续排列时，给人以团结凝聚的感觉；呈倒三角形时，具有不稳定的动感三点分散时，引起视线移动，给人连动的感觉（图4-23）。

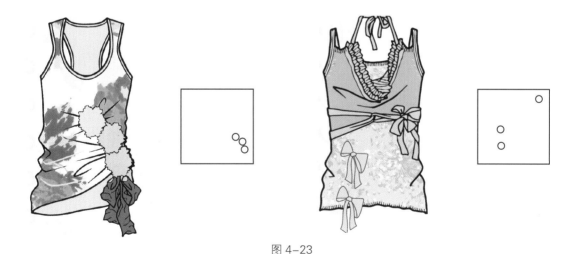

图4-23

（4）多点：大小相等的点数量增多组合一起，就会给人以系列感、层次感和次序感。

多点成直线排列时，给人系列感、延伸感和带有方向性的运动感；多点成曲线排列时，给人韵律感和柔和感（图4-24）。

 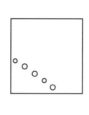  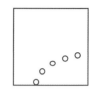

图 4-24

多点有次序地排列时，给人规范整齐的感觉；多点无次序地自由放置时，虽感分散和混乱，但又具有活泼和灵活感（图 4-25）。

图 4-25

（5）大小点：一定数目、大小不等的点的排列，在视觉上使人感觉有组织、有重点、往往形成视觉中心的设计。

大小不等的点有次序地排列时，可产生节奏和韵律的感觉；大小不等、随意排列的点，给人以跃动、随意的感觉；大小不等的点做渐变排列，具有立体感和视错感（图 4-26）。

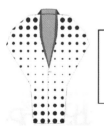  

图 4-26

3. 点在服装中的表现形式

装饰点的应用——主要在首饰和服饰品设计时应用，为了防止服装单调，追求着装效果的整体美，或是为了和服装的某一部分相呼应，形成点睛之笔（图 4-27）。

图 4-27

图案点的应用——表现为各种抽象或具象的图形以及文字、字母等，经过印染、刺绣、镶嵌等手段出现在服装上，比例配色不同，效果也不同（图 4-28）。

图 4-28

工艺点的应用——同时具有功能性和装饰性，如纽扣、珠子、珠片、线头等。这些工艺点的大小、聚散、色彩、材质和位置在服装中的运用是很讲究的，否则会失去层次关系，喧宾夺主（图 4-29）。

图 4-29

（二）线的设计

点的移动轨迹形成线。线有位置、长度及方向的变化，也有不同的形状、色彩和质感，是立体的线。线的形式千姿百态，在服装中应用可产生丰富的变化和视错感。

1. 线的构成

线可以分为直线、折线和曲线。

（1）直线。

直线是最简洁、最单纯的线，是两点间最短的距离，具有硬直、坚强、单纯、规整、刚毅的性格。它可以分为水平线、垂直线、斜线三种。

水平线——具有广阔、平静、宽广和安稳的特性，能够产生横向扩张感，给人稳定、安全的感觉。在服装造型中，常用水平横线来强调男性健壮、威武的阳刚之美（图4-30）。

图 4-30

垂直线——有修长、上升、挺拔和权威的特点，具有纵向的动感。服装中常运用垂直线来增加修长的感觉（图4-31）。

图 4-31

斜线——有不稳定、倾倒和分离的特性，比水平线和垂直线更具动感和不安定的因素，运用在服装上会产生活泼轻松的感觉（图4-32）。

图4-32

（2）折线。

折线具有坚硬、锐利、不稳定的特性，比水平线和垂直线更有张力（图4-33）。

图4-33

（3）曲线。

曲线就是点做弯曲移动时形成的轨迹，具有圆顺、起伏、委婉、飘逸的特点，因其柔软、优雅，一般多用在女装设计中。曲线有几何曲线和自由曲线之分。

几何曲线——指有规律的，在一定条件下产生的曲线。如椭圆、半圆、螺旋线、抛物线等，在服装中常用于底边、裙摆、图案、饰品等，给人女性、柔美的感觉（图4-34）。

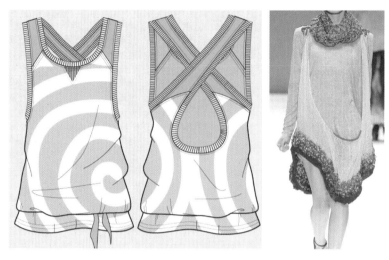

图 4-34

自由曲线——没有规律、走向随意，具有自由个性，运用在服装中具有自如、变化、丰富的感觉（图4-35）。

图 4-35

2. 线在服装中的表现形式

结构线的应用——包括省道、分割线、褶皱线等，既具有顺应人体曲面的功能性，也具有形式美的装饰性（图4-36）。

装饰线的应用——以拉链、绳带、线迹、镶边、嵌条、流苏等外加装饰的形式出现（图3-37）。

省道的应用　　　　　　分割线的应用　　　　　　褶皱线的应用

图 4-36

图 4-37

图案线的应用——以印、织、染的图案装饰形式出现（图 4-38）。

图 4-38

饰品线的应用——主要指能体现线形感觉的服饰品，如项链、手链、臂饰、挂件、腰带、围巾、包带等。这些服饰品通过色彩、材料和形状的不同变化和服装搭配会产生丰富的视觉美感（图4-39）。

图4-39

（三）面的设计

线的移动轨迹形成了面，它有位置、长度和宽度，是立体的界限。面在服装中是通过色彩、面料、衣片、图案的块面来表现的。

1. 面的构成

面可分为平面和曲面。

（1）平面。

平面是由直线的平直移动产生的面，可分为规整平面和不规整平面（图4-40）。

规整平面　　　　　　　　　　　　　不规整平面

图4-40

规整平面——指有规律的几何曲线形
成的面，包括方形、三角形、多边形、圆形、
椭圆形等。不同的规整平面给服装带来千
变万化的造型。

不规整平面——既有直线构成的不规
整平面，也有曲线构成的不规整平面。不
规整平面在服装造型中的表现以图案和装
饰为主。

（2）曲面。

曲面是由曲线的弧线运动构成的，可
分为规则曲面和不规则曲面。

规则曲面——指直线运动构成的单曲
面和曲线运动构成的复曲面（图 4-41）。

不规则曲面——指各种自由形式的曲
面（图 4-42）。

图 4-41　　　　　　　图 4-42

2. 面在服装中的表现形式

衣片的面——服装是由衣片组成的，如衣片、袖片、裙片、裤片、领片、口袋等，
这些衣片就是一个个的面，把这些不同面积、不同形状的面缝合，就形成了服装的体（图
4-43）。

图 4-43

色彩的面——服装衣片中不同色彩的面的搭配和拼缝，使得面的感觉较强烈，具有层
次和韵律感（图 4-44）。

图 4-44

图案纹样的面——服装中经常会用到大面积的各种装饰图案和纹样，这些装饰性图案纹样在色彩、形状、面料质地上的变化，可以弥补服装的单调感（图 4-45）。

图 4-45

饰品的面——在服装造型中主要表现为平面感较强的围巾、披肩、帽子、扁平的包袋等（图 4-46）。

图 4-46

面料表现的面——不同材质、不同造型的面料对比，突出了面的感觉，使得服装造型的视觉效果异常丰富（图 4-47）。

图 4-47

三、分割线的种类

裤装的内部分割线设计包括结构线和装饰线。结构线对裤装的造型会产生直接的影响，而装饰线的主要作用是装饰美化。裤装的内部分割线有以下几种形式。

1. 纵向分割设计

纵向分割线条有挺拔感，能吸引人的视线上下移动，使人看上去显得修长。若要达到修长的视觉效果，分割线不宜过多，一般以 1 ~ 3 条为好；若需活泼的装饰感，线条的数量则可多些，如图 4-48 所示。

2. 横向分割设计

横向分割线条有一种稳定感，能吸引人的视线左右移动，使服装看上去显得安定。一般成人裤装里横线分割使用不多，但是童装裤中用得较多。多条横向分割的线条设计可以增加服装的律动感（图4-49）。

3. 斜向分割设计

斜线分割的线条给人以活泼和动感，但是要注意分割线的倾斜角度，45°倾斜

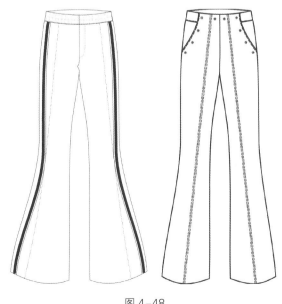

图 4-48

感最强；倾斜角度小或是左右斜线对称分割，动感减弱，稳定感增强（图4-50）。

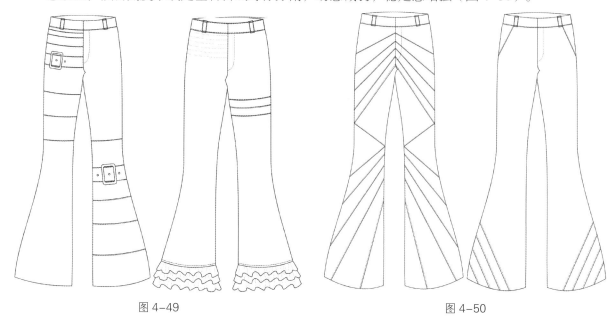

图4-49   图4-50

4. 曲线分割设计

曲线分割的线条给人一种圆润感和流动感。在童装里用得较多，由于曲线分割的制作难度较大，在应用时要尽可能简洁，避免曲度较大的设计。利用曲线进行装饰时，用缉线的手法较多（图4-51）。

5. 多种分割线条组合设计

在裤装的设计中，分割线设计往往需要几种形式结合，这样会产生丰富的视觉效果（图4-52）。

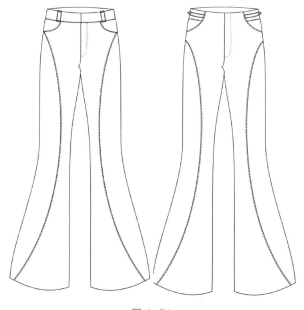

图4-51   图4-52

项目
三：

裤装拓展

K UZHUANG
TUO ZHAN

任务五（拓展款式）：短西裤

过程一：款式分析

（1）着装效果图（图5-1）。

图5-1

（2）短西裤款式图（图5-2）。

图5-2

（3）款式描述。

裤上部与男西裤基本相似。装腰型直腰，前后裤片均有烫迹线，6个串带襻。前中开门襟装拉链。前裤片左右各1个反褶裥，侧缝设斜插袋，后裤片左右各1个省、1个双嵌线挖袋。臀围放松量比西裤略小，裤长一般在大腿中上部，轻松凉爽，适合夏季穿着。

过程二：制图

1. 成品规格设置（下表）

规格设置　　　　　　　　　　　　　　　　　　　单位：cm

裤子规格尺寸表						
成品部位	代号	成品规格	人体部位	代号	人体尺寸	加放量
腰围	W	76	腰围	$W*$	78	+（0~2）
臀围	H	98	臀围	$H*$	102	+（6~12）
裤长	L	52	膝长	KL	51	−1
臀高	HL	18.5	臀高	$HL*$	17	−1.5

2. 短西裤制图（图5-3）

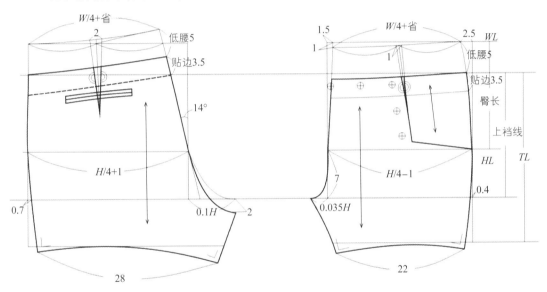

图 5-3

过程三：制板

制板（图5-4）

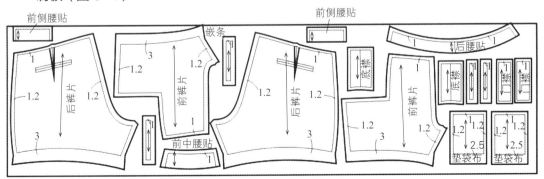

图 5-4

任务六（拓展款式）：灯笼裤

过程一：款式分析

（1）着装效果图（图6-1）。

（2）灯笼裤款式图（图6-2）。

图6-1

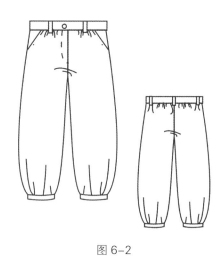

图6-2

（3）款式描述。

臀围具有较大松量，裤长在膝围线附近，脚口部位通过褶裥或抽褶收紧并装脚口克夫，使裤身形成蓬松造型的裤装款式。

过程二：制图

1. 成品规格设置（下表）

规格设置　　　　　　　　　　　　　　　　　　单位：cm

裤子规格尺寸表						
成品部位	代号	成品规格	人体部位	代号	人体尺寸	加放量
腰围	W	68	腰围	W*	70	+（0~2）
臀围	H	96	臀围	H*	116	>（6~12）
裤长	TL	72	膝长	KL	53	−1
SB	SB	28	SB′	SB′	17	

备注说明：

1. 上裆宽 =0.15H（前裆宽 =0.045H，后裆宽 =0.105H）

2. 后上裆倾斜角 =8°

2. 灯笼裤制图（图 6-3）

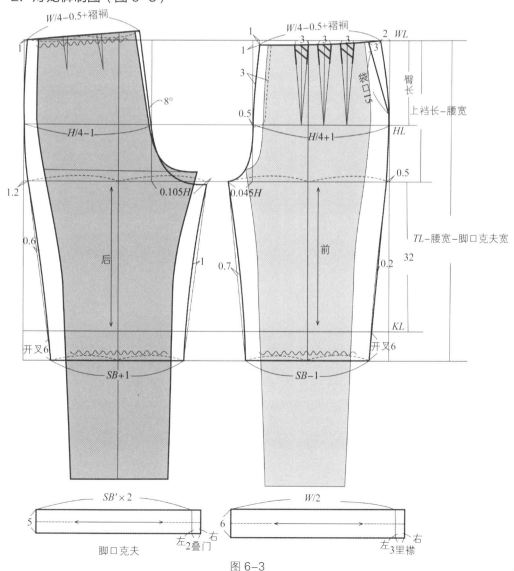

图 6-3

任务七（拓展款式）：裙裤

过程一：款式分析

（1）着装效果图（图7-1）。

图7-1

（2）裙裤款式图（图7-2）。

图7-2

（3）款式描述。

在款式上，裙裤是介于裙装和裤装之间的过度款式，兼具裙子和裤子的特点，臀围较合体，脚口宽大，外观上看像裙子，便于运动。在结构上，裙裤是在裙装基础上增加了裆部结构，从而形成对人体腿部包裹的裤装结构（图7-2）。

过程二：制图

1. 成品规格设置（下表）

规格设置　　　　　　　　　　　　　　　　　　　　单位：cm

裙裤规格尺寸表
$W=W$ 净 $+2=70$
$H=$（净 $H+$ 内裤）$+$（$6 \sim 12$）$=100cm$
上裆长 = 股上长 + 裆底松量 =25+3=28cm（含腰宽 3cm）
$TL=68cm$
$SB>0.21H$（前裆宽 =0.09H，后裆宽 =0.12H）
后上裆倾斜角 =0°

2. 裙裤制图（图 7-3）

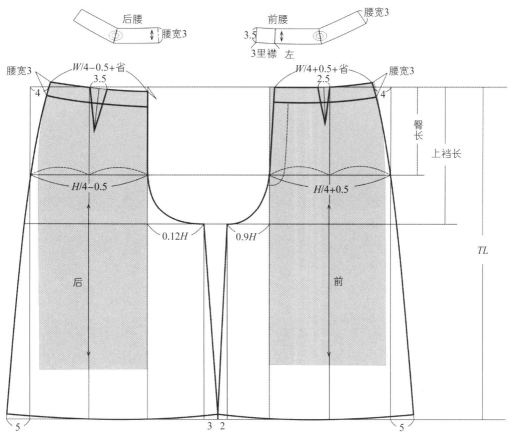

图 7-3

参考文献

［1］张文斌，张向辉，于晓坤. 女装结构设计·制板·工艺［M］. 上海：东华大学出版社，
　　　2010.

［2］鲍卫君，许宝良，周雪峰. 裤装设计·制板·工艺［M］. 北京：高等教育出版社，
　　　2010.